U0142118

自然災害 自然大反撲
Natural Calamities Nature's Fury

推薦序——曾若玄教授

　　自然災害例如超級颶風、洪水氾濫、地震或火山爆發等現象原本就發生於世界各地，只是近年來給人們的感覺是發生的頻率似乎更加多了，而且災難的嚴重程度或是所造成的生命或財產損失則是更為驚人，舉例來說，近年發生於台灣的事件有「九二一」大地震（1999年），幾乎每年都會出現的颱風或梅雨季節所帶來的土石流、淹水或海水倒灌，發生於國外的事件則有南亞大海嘯（2004年），卡崔娜颶風侵襲紐奧良（2005年）、安德魯颶風侵襲南佛羅里達（1992年）、歐洲和北美洲的大風雪、土耳其和印度的大地震，以及世界各地的氣候突變等，其中安德魯颶風直撲邁阿密時我正好居住在該城市，因此對於颶風的強大威力特別感到印象深刻。根據科學家的研究結果，這些自然災害有的是偶發的，例如地震、海嘯，有的則是發生頻率的確是有逐年增加的趨勢，例如颶風、氣候突變、南極臭氧層破洞、土石流等。不論如何，我們都有必要去更深入了解這些自然災害的成因和特性，進而可以預作準備或防治，減低生命和財產的損失。

　　本書作者丁仁東教授，是海洋地質和地球科學方面的博士，在美國邁阿密大學和杜克大學從事過多年的海洋研究工作。並曾在美國 Sungrad 保險公司擔任高級系統分析師，對於自然災害的理論與實務皆具有經驗，可說是學養俱豐。丁博士於 2004 年返國服

務，目前任教於崑山科技大學，他於課餘之暇，將地球科學、自然環境以及各種天災或人為因素造成的污染災害等相關知識和最新資訊編寫成本書，相信本書將可成為年輕學子在地球與環境科學通識教育方面的最佳讀物，並給關心環保與防災議題的讀者們提供一本內容廣泛而且深入的參考書。我和丁教授從美國同窗相識至今已近二十餘載，深知他為人處世謙和有禮，本書內容豐富有趣，作者以其專業的海洋背景，流暢的文筆，介紹各種自然災害的特性與成因，並且引經據典，深入淺出地加以敘明，對於了解自然與人為災害絕對是一本不可多得的好書。

中山大學海洋資源系教授　曾若玄

推薦序——林宗儀教授

自然災害不是天天發生，但一旦發生常常是嚴重的影響到人類活動和人類本身生命、財產的安全。而世界上幾乎沒有任何一個人類居住的環境能夠完全免於自然災害的威脅，以致自然災害的研究者和管理決策者對於各種災害相關資訊的需求也日益殷切。

台灣是我們共同的生活環境，過去在人口壓力不大，居住空間尚能滿足時，自然災害對國人的衝擊有限，但隨著人口數的不斷增長，山坡地、海邊等比較危險的居住空間，也都有人積極地去開發利用，因此自從 1996 年的賀伯颱風之後，幾乎只要颱風、下雨就要發生「土石流」，沿海低窪地區也常發生海水溢淹的情形。而 1999 年九二一集集大地震後，每個人更是聞震色變！這些發生在地球上對人類造成傷害的自然災害，它們是在什麼樣的地質環境下發生的呢？和水文、氣象等條件的關係為何？本書從環境地球科學的觀點出發，介紹一些重要的自然災害——例如火山、地震、颱風、洪水、山崩地滑等，並且擴及許多因為人為因素對於自然作用的干擾所衍生的各種環境災害，例如環境（空氣、水）污染和氣候變遷等，因此本書除了增進大家對災害本質及本身生活環境的認識，消極地採取危地不居的策略之外，並能進而積極地挺身保護環境，以避免因為個人的無知，而在無意中造成

環境或人類的更大傷害。

　　丁仁東教授是我在美國杜克大學地質系博士班的學長，專長地球物理。出國前曾在台灣師範大學地球科學系擔任講師，教授地質學、海洋學、地球物理等課程。取得博士學位後，轉赴美國邁阿密大學擔任研究員，從事地球物理研究。曾親眼目睹 1992 年超級颶風安德魯（Hurricane Andrew）對邁阿密鄰近地區造成大約十萬戶房舍的破壞，迫使將近二十萬人無家可歸的慘狀。後來亦曾到美國邁阿密社區學院教授自然災害等課程，前二年返台任教於崑山科技大學，仍持續開授自然災害通識課程，教學經驗相當豐富。今丁教授將其多年來的教學心得整理寫成「自然災害」一書，內容豐富，圖文並茂，深入淺出的解說不僅可以提供各大專院校相關防災教育課程的教科書，也非常適合當作一般關心自己居住環境安全民眾的入門書。過去我自己在學校授課的經驗，看到許多同學都為閱讀英文教科書所苦，現在有了這樣的一本書，相信將有助於自然災害科學知識的推廣，而對於從事防災管理的決策者而言，這也會是一本相當重要的參考書，深入體會將有助於做出正確適當的防救災策略。丁教授寄來原稿並囑咐為本書作序，實感榮幸，也樂於向國人同胞推薦這樣一本好書。

林宗儀　謹識
2007 年 1 月
於國立台灣師範大學地理學系

自序

　　二十一世紀是人類生存的一個重要關鍵，我們正面臨一些極嚴峻的問題，包括人口膨脹、能源危機、環境污染、疾病瘟疫、氣候變遷及各樣的天然災害等等，雖然人類的科技文明已經發展達到一個相當地步，但是在面對這些問題時，仍然發現自己的有限甚至無奈，而如何面對這些災難已經不單是為著我們這一代，也是為著我們的子子孫孫，使他們仍然保有一個優質的生活環境。

　　本書是以知識層面來探討，使我們認識我們所生存的環境、各種自然災害的產生原因以及如何應付這些災害，參考了國內外自然災害、地質學、海洋學、氣象學、天文學等方面教科書，攝取有關書籍文獻及網際網路資料，以及近年來相關體裁的新聞報導，以圖文並茂方式引導讀者進入這些體裁。因坊間有關自然災害的出版書籍多為片面的體裁，以完整方式介紹自然災害內容的書籍並不多，因此產生本書的寫作動機，作為社會大眾讀物以增進社會大眾對自然災害的了解。

　　本書的內容共列入十四章，第一章是導言，目的是使讀者對自然災害這門學科有概括的認識和興趣。第二章認識我們所生存的環境及第三章板塊構造學說涵括天文學及地質學的基本知識，作為以下各種天然災害學理的基礎。第四章至第十二章是各種自

然災害的介紹，包括地震、火山、洪水、海嘯、暴潮、塊體運動、冰川、沙塵暴、鋒面風暴、溫帶氣旋、熱帶氣旋、雷雨、冰雹、龍捲風、隕石等等。這些自然災害有的是因地球的板塊活動造成的，有的是因地表水文循環造成的，有的是因氣候造成的，也有的是因天體的運動產生，這些在各章中都有詳盡的說明。第十三章能源危機及第十四章環境污染包括空氣污染及水污染等，雖不屬於自然災害範疇，但與今日人類的生存休戚相關，其所造成的危害與影響與自然災害性質相近，故也列入本書範圍。

這本書是本人在國立師範大學、崑山科技大學及邁阿密社區大學多年教授自然科學的心得與成果，特別是近年來授課於崑山科技大學，教授自然災害這門通識課程，深深覺得這門學科所傳達的知識和訊息是現代人都應該具備的，使我們能應付今天這個瞬息萬變的時代，盼望這本書的出版能滿足讀者這方面的需求。

崑山科技大學　丁仁東

2007 年 1 月

Contents

目錄

. 自然災害 | 02. 認識我們所生存 的環境 | 03. 板塊構造學說： 一個動態的地球

04. 地震　　05. 火山　　06. 河流與洪水

. 海岸地形及 08. 塊體運動 09. 冰川、沙漠地形與
其防護 全球氣候演變

10. 風暴

11. 雷雨、冰雹、龍捲風

12. 隕石

. 能源危機　　14. 環境污染（水污
　　　　　　　　　　染、空氣污染等）

Chapter 1

自然災害

⚡引言

在狄更斯的「雙城記」一書開頭有這麼幾句話：「這是最好的時候，也是最壞的時候；是智慧的時期，也是愚蠢的時期；是一個相信的世代，也是一個不信的世代。……它是希望的泉源……，在我們面前我們擁有一切。」這一段話實在是今天這一個時代最好的寫照，我們的確擁有一切前人從未有過因科技帶來的享受，但我們也正面臨一個由科技帶來可怕的災難，這些災難後果的嚴重性，甚至是我們目前仍無從估計、無法想像的。

二十一世紀的人類正生存在一個關鍵的世代，面臨極嚴峻的挑戰。我們所藉以生存的環境，可能將有極大的變化。我們所要面對的問題，常是歷史上無先例可循。人類能否延續，我們的子孫能否生活得更好，全在我們如何面對並解決這些問題。

我們可能面臨危機有那些呢？比如人口膨脹問題、能源危機、環境污染、疾病瘟疫、自然災害，最可怕的是氣候變遷問題，這些都是我們所要面對的挑戰。特別這幾年來災難頻頻，例如南亞海嘯、卡崔娜颶風、克什米爾大地震、禽流感及各地洪水等事件等，都反映出災難規模的龐大，而人類應變能力不及的事實。我們不知道明天要發生什麼事，但可確信的是，未來的挑戰將會更嚴酷。

不少雜誌、小說、影片，也都非常關心並詳細描述這些題材。例如「明天過後」、「隕石撞地球」、「不願面對的真相」等，雖然此類影片書籍多少有所誇張，但不失教育性並對大眾有

所警告，也讓我們暫時擺開生活瑣事，冷靜考慮如何面對重大的自然災害。本書則從學理面來討論這些天災，裨使我們能對自然災害有正確的認知和應變。

　　為了面對自然災害，人類須要竭盡智能。因為這門學科涉及許多學問，包括物理學、化學、生物學、數學、天文學、氣象學、海洋學、地質學、法律學等等，可以說是一門科技整合的學問。此外其內容是包羅萬象，可謂上天下地無遠弗屆，甚至常常危言聳聽，這是自然災害這門學科的特點。

⚡我們面臨的危機

　　我們可能面臨的危機有那些呢？我們急切面臨的問題有人口膨脹問題、能源危機問題、環境污染問題、疾病瘟疫問題、氣候變遷問題及各種天然災害等等。本章是對各項問題的一個簡單的描述，詳細內容請參閱以後各章。

1. 人口膨脹問題

　　世界人口呈幾何級數增長，而糧食與資源卻否，人口之增加將帶來人類極其龐大包袱，根據現今出生率，世界人口在 2050 年將達 90 億（圖 1.1）。

(1)人口出生率公式：此公式與放射性元素蛻變公

圖1.1 世界人口成長預估

圖片來源：World Resources Institute. 2000

式一致。其公式基礎如下：

（P 表人口，G 表人口成長率或每年人口增長之百分比）

$$dP/dt = GP$$
$$\rightarrow \int dP/P = \int G dt$$
$$\rightarrow Ln(P) = G(t - t_0)$$
$$\rightarrow \exp(Ln(P)) = \exp(G(t - t_0))$$
令 $P_0 = \exp(-G t_0)$
則 $P = P_0 \exp(G t)$................................（1.1 式）

⑵人口出生率與人口加倍時間：

　　人口加倍時間：由前述人口出生率公式來計算人口成長，還是略嫌複雜。

　　我們可由公式⑴換算而得另一簡易公式：

$$D = 70 / G$$..（1.2 式）

D 稱為人口加倍時間（Doubling time），G 值可見於表 1.1。公式 1.2 的好處是加倍時間（單位為年）可由成長率 G 迅速推算。G 值越大加倍時間越短，G 值越小則加倍時間越長。例如非洲成長率是 2.6%，故人口每 27 年加倍；全球平均成長率是 1.4%，故世界人口每 50 年呈倍數成長。

表1.1 世界各地區人口成長及預測（百萬人）

年份	世界	北美	拉丁美洲和加勒比海	非洲	歐洲	亞洲	大洋洲
1950	2520	172	167	221	547	1402	13
1998	5901	305	504	749	729	3585	30
2050（預計）	8910	392	809	1766	628	5268	46
成長率（%/年）1995-2000	1.4	0.8	1.7	2.6	0	1.4	1.3
加倍時間（年）	50	88	41	27	*	50	54

⑶世界人口膨脹將帶給今後全人類無比壓力，特別是一些人口
已經極密集國家（圖1.2）。不管糧食的需要、能源與各種
資源的利用、環境的污染問題，都因全球人口增長而更趨嚴
重。經過歷史證明，人類常常以戰爭作為解決問題的最終手
段，未來人類將以何種方法解決這個辣手問題，殊難預測。

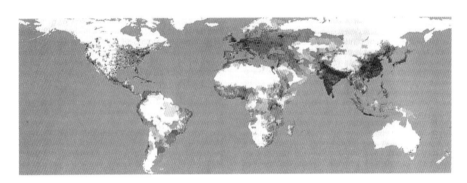

圖1.2 世界人口分布密度
圖片來源：National Center for Geographic Information and Analysis 1995

2. 能源危機問題

⑴石油與天然氣：世界人多數油田儲油將於 30 年～ 50 年間
告罄（圖 1.3），而目前尚無其他替代能源。近年來油價
高漲，近幾年每年漲幅都是高幅度，2006 年油價已幾度接
近突破每桶 80 美元。所有經濟學家均預測，低油價的時

期已經過去，未來國際油價只會居高不下。未來國際維持高油價的原因是因為：①油田漸漸枯竭，全球大油田（指儲量達 5 億桶以上者）的發現一年少過一年，如 2000 年有 16 個，2001 年 9 個，2002 年 2 個，2003 年之後就不多新油田發現。②全球原油需求量與日俱增，2006 年每日需求量為 8,480 萬桶，根據預估其後幾年每年需求增長 2%，則 2010 年每日需求量約為 9,200 萬桶。原油需求的增加與亞洲進入開發中國家有關，以中國大陸為例，90 年代起成為全球製造業大國，1993 年從石油輸出國轉變為石油進口國，2003 年超過日本成為全球第二大石油進口國，為此中國積極拓展油國外交，以取得石油的開採權。伊朗近年來已逐年減產，預估 2015 年其油田將全部告罄。鑑於全球石油主要產於中東，加上該處種族、宗教、文化的衝突，使該處情勢非常敏感，有可能未來引發能源大戰。

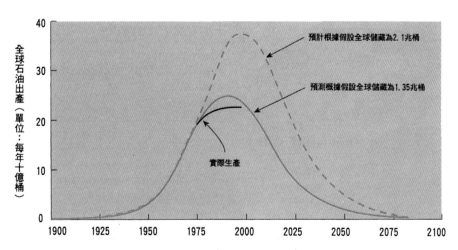

圖1.3 全球石油儲藏量預估
圖片取自Carla W. Montgomery and Edgar W. Spencer, Natural Environment, McGraw Hill Custom Publishing

(2)其他能源：因著全球油源即將耗盡以及油價的高漲，各國都在積極尋找替代能源，例如太陽能、地熱、風力、水力、潮汐、生物能源（例如木屑、甘蔗、稻稈、牛糞等）、海水溫差等，均可做為部分能源來源來分擔能源需求，但因它們產生的能量均有限，無法取代石油與天然氣，例如美國太陽能之使用不及全部能源之 0.1%。煤礦雖然儲量可用至 2400 年，但非乾淨輕便能源，液化煤或氣化煤雖可解決這些問題，但製作費用昂貴，技術上尚未達到量產地步。核分裂（使用鈾元素）雖已被廣泛使用作和平用途，全世界有四百多座核能發電廠，但近年來反核聲勢高漲，因此大多數國家多已停步不前。核融合（使用氕、氘等氫的同位素）是目前最有希望的替代能源，它比核分裂較為乾淨，污染問題較小；而且氕、氘元素在海水中取之不盡，但目前技術上仍無法突破。為要使核融合反應產生，其中心溫度將達百萬度，現實驗室仍未發現任何材料能忍耐此高溫，以磁場作為局限核能反應（Magnetic Confinement）的容器，是目前最有可能途徑成為核融合商業用途，但技術瓶頸仍有待突破。十幾年前加州理工學院曾宣稱發現冷融合（Cold Fusion）技術，一時輿論譁然，但可惜不久發現實驗有誤；然而對核融合技術上的突破，舉世仍然迫切期待。詳細的有關能源危機的討論請見本書第十三章。

3. 環境污染

人受環境的影響，同時也能影響環境。人對環境的不當影響，一般稱之為環境污染。這裡我們主要指的是空氣污染、水污染。隨著工業及生物科技的發展，越來越多金屬或化學物質等，

未經妥善的處理，排放至大自然中形成污染，它們對生物體直接、間接的造成傷害。

(1)空氣污染：工業用氣體如硫、氮、氯等（SO_2、NO_2、Cl_2），從工廠大量排出至大氣造成酸雨，具有強烈腐蝕性（含硫酸 H_2SO_4、硝酸 HNO_3、鹽酸 HCl），圖 1.4 為 Smoky Mountain 森林受酸雨腐蝕情形，顯示枝葉均已掉落。工業用空調之冷媒（氟氯碳化物 CFCs），在大氣中不易分解，破壞臭氧層，造成臭氧層破洞（臭氧層有吸收大部分紫外線及宇宙射線功能，使陽光不致傷害人身體；圖 1.5 為 90 年代南極上空發現之臭氧層破洞）。

圖1.4 美國 Smoky Mountain 森林被酸雨腐蝕情形，枝葉均已掉落許多

(2)水污染：許多工業製造、農業活動產生的污染物質被滲入河流、湖泊或地下水中，造成水質的改變，以致於影響水的正常用途並或危害生物體的健康（圖 1.6）。這些污染如金屬污染（如汞、鎘、鉛、鉻、砷等），有機化合物污染（如 DDT、多氯聯苯、戴奧辛、塑膠等）、熱污染、有機物質污染等等，使我們生存的環境越來越不適合居住（圖 1.7）。有關污染討論請見本書第十四章。

4. 疾病瘟疫

歷史上瘟疫一向是可怕殺手，明朝末年流行的瘟疫、中世紀的黑死病等都是死亡無數，使人聞之喪膽。進入二十一世紀，我們以為人類的科技文明一定能克服一切的環境因素，但近年來許多疾病的傳染，如 AIDS、SARS、禽流感等，證明人的力量非常有限，許多新的菌種的突變，使人難以追蹤。

以禽流感為例（圖1.8），它於 1997 年在香港發現首宗病例，雖然至今被發現的病例不過數百件，鑑於 1918 年曾發生禽流感流行，造成 2 千萬至 4 千萬人死亡，全球都不敢掉以輕心。主要原因是人得到禽流感是因為接觸感染了 H5N1 病毒的禽類糞便，但是由於 H5N1 型病毒突變快速，已經可以透過禽類傳染給人類，若是進而與人類的流感病

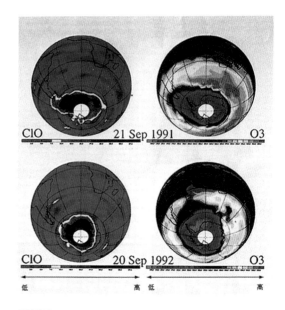

圖1.5 90 年代南極上空發現之臭氧層破洞，臭氧層保護人類免受紫外線及宇宙射線傷害

圖片取自 Steven A. Ackerman and John A. Knox, Meteorology, Brooks/Cole Thomson Learning

圖1.6 工業廢水排放或棄置物污染河流

毒接觸進行基因重組，將可能
引發人傳人的禽流感疫情，其
傳播速度可能比 SARS 還快。
世界衛生組織估計，如果禽流
感的散播失控，全球可能有數
百萬人喪生，而且大多數的國
家完全沒有準備妥當。

5. 氣候變遷

　　進入二十一世紀，科學家
越來越關心氣候變遷問題，由
於全球暖化現象日趨明顯，發
生像「明天過後」影片裡那種
劇烈的氣候改變是有可能發生
的。歷史上曾發生多次的冰期
與間冰期，在冰期時地球會變
得極冷，這是確定的事實。此
外在地質史上，至少發生有五
次類似恐龍絕種的大量生物
絕種事件，這些事件的發生，
有些可能與氣候變遷有關。如
果大氣中的溫室氣體含量持續
升高（不可避免的事實！），
科學家預估到 2100 年，全球
平均氣溫將比現在高出 1℃
到 3.5℃，屆時地球上的氣候

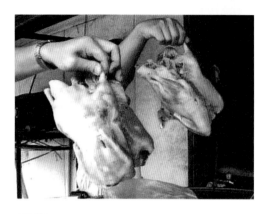

圖1.7 鴨及鴨蛋被檢驗受戴奧辛污染情況

圖1.8 2005 年禽流感在印尼蔓延，工人正在
焚燒疑似感染了禽流感的死雞

如何，誰也不敢斷言，所以談到氣候變遷，實在是一個嚴肅的問題。本書第九章將更進一步的談到氣候變遷問題。

6. 天然災害

近年來天災頻頻，且規模常是百年僅見，有關天然災害內容，見於以後各章，這裡只作一些簡介。

(1)地震：地震造成大量人命財產損失，其毀壞較顯著者如下列：1923 年日本關西大地震，死亡 10 萬人，1976 年唐山大地震，死亡 25 萬人，1994 年美國北嶺 Northridge 地震，財物損失 150 億美元，1995 年日本阪

圖1.9 1999 年九二一集集地震，台中市某大樓被壓垮，死亡一百餘人

神地震，死亡 6,433 人，1999 年台灣集集九二一地震，死亡 2,415 人，2004 年 12 月 26 日印尼蘇門達臘外海發生芮氏規模 9.0 強震，引發南亞大海嘯，死亡 283,106 人，舉世震驚，2005 年巴基斯坦克什米爾地震，規模 7.6，死亡 80,361 人，2006 年印尼爪哇地震，死亡 6,200 人。雖然現代的建築都有防震設計，但在 1994 年北美地震和 1995 年阪神地震，許多鋼骨結構大樓也都紛紛斷裂倒塌，暴露現代化建築對強震抵抗的脆弱。地震之發生與板塊構造運動有關，有

關板塊構造細節見於第三章。關於地震與地震波的細節，請見第四章。

(2)火山爆發：火山噴發威力是極其龐大的，也造成人員財物極大損失，例如：1902 年印尼 Pelée 火山噴發，死亡 26,000 人，1980 年聖海倫火山噴發，死亡 57 人，1991 年菲律賓皮納土坡火山噴發（Mt. Pinatubo），死亡 350 人，夏威夷（1997）、冰島也常有火山噴發，但屬於寧靜式的，威脅較小，關於火山的形成與噴發細節，見於第五章。

圖1.10 1980 年聖海倫火山噴發

(3)洪水與乾旱：近年來台灣水患頻頻，動輒一雨成災，百姓叫苦連天。其中有些是天災造成，有些是人為過失。圖 1.11 為 2005 年卡崔娜颶風襲擊紐奧良市，造成堤防破裂全市被水淹沒情形。雖然有些地方水患頻頻，仍有多處常乾旱缺水。洪水與乾旱常

圖1.11 2005 年卡崔娜颶風襲擊紐奧良市，造成堤防破裂全市被水淹沒情形

與聖嬰現象（EL NIÑO）有關。近幾年幾次水災，中南部多縣市遭淹水損失慘重，嚴重暴露台灣許多地區河川及排水道功能不足，關於洪水之細節將於第六章中討論。

(4)塊體運動：塊體運動是指大塊物體從斜坡向下墜落、滑動或滾動，包括土石流、山崩、雪崩等，造成極大災害（如右圖）。九二一地震後，台灣山坡地土質鬆動，每次大雨均造成土石流，如何解決土石流問題是政府當務之急。關於塊體運動之

圖1.12 2000 年 10 月瑞士 Gondo Spitting 鎮發生之土石流

細節請見第八章。（圖 1.12 為瑞士山區城鎮發生的一次土石流）。2006 年 2 月 17 日菲律賓南部的 Leyte 發生土石流，甚至將全村掩埋，950 人死亡，災情令人痛惜。

(5)熱帶氣旋（颱風、颶風）：台灣位於颱風常經路線，每年 6 至 11 月均須做好防颱準備，近年來熱帶氣旋發生似乎有逐年增加增強趨勢，2004 年美國東岸即遭四次強烈颶風，2005 年卡崔娜颶風更帶來嚴重損壞。圖 1.13 為 1992 年安德魯颶風襲擊邁阿密，圖 1.14 為 2005 年卡崔娜颶風襲擊密西西比州的 Biloxi 市，暴風中心所經之處房屋幾乎全毀，可見熱帶氣旋襲擊之威力。近年來台灣亦多颱風，2005 年有海棠、馬莎、泰莉（卡努）等三次颱風登陸，使人不堪其擾。

圖1.13 1992 年安德魯颶風肆虐邁阿密市情形

熱帶氣旋更常帶來洪水，1998 年 Mitch 颶風襲擊中南美洲，其所帶來洪水造成 18,000 人死亡。熱帶氣旋及溫帶氣旋詳文見第十章。

圖1.14 2005 年卡崔娜颶風肆虐密西西比州的 Biloxi 市情形

(6)雷雨、冰雹、龍捲風、超級風暴：大型的雷雨也常造成傷亡，台灣地區在梅雨季節，當梅雨鋒面活躍時，常出現雷暴，短短數小時即造成豪雨，2005 年「六一二」水災就是一例。此外冰雹、龍捲風、超級風暴等，都能造成大量財物人員損失，關於這些天氣造成的自然災害，請見第十一

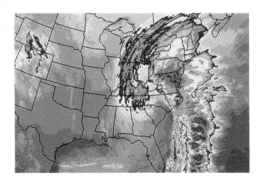

圖1.15 1993 年在美國東岸的超級風暴衛星影像

章。圖 1.15 是 1993
年在美國東岸的超
級風暴衛星影像。

(7)海嘯：當震源在海
域且規模大深度淺
的地震，海床沿斷
層面以上海水可能
整個被鼓動，形成
海嘯（圖 1.16）。
海嘯在大洋中傳播
時浪高只有幾十公
分，憑肉眼很難觀
察出，但一旦登
陸，浪高可以高到
幾十公尺，屆時再
逃難已經來不及
了。故海嘯的防備
完全靠預警系統，
太平洋因經常有海
嘯，故預警系統建
立得比較完全，印

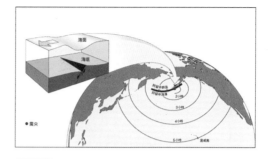

圖1.16 海底斷層造成海嘯
圖片取自 Tom Garrison, Oceanography,
Brooks/Cole Thomson Learning 4th
Ed.

圖1.17 2004 年南亞海嘯的損毀情形

度洋可說完全沒有。2004 年的南亞海嘯（圖 1.17），即因
印度洋缺少預警系統，近 30 萬人在驚慌失措下被海嘯吞
噬，舉世為此震驚，關於海嘯的細節請見第四章。

(8)隕石撞地球：地球在太陽系中運轉，許多在太陽系中未形成
行星物質，被地球引力場吸引進入地球大氣層，這些我們

統稱為隕石，大部分的隕石在地球大氣層中因與大氣層摩擦而焚燒盡淨，只有少部分會撞擊地球。這些撞擊地球的隕石，對人類是一潛在威脅。一顆直徑 50 公尺大小

圖1.18 隕石撞地球示意圖

的隕石撞擊地球，可造成幾百平方公里範圍內動植物全毀，一顆直徑約十公里隕石撞擊地球，可能造成地球的氣候變遷，甚至許多生物的絕種（圖1.18）。我們在第十二章要詳細討論這個隕石撞地球問題。

(9)沙漠化與沙塵暴：沙漠至少佔據地表十分之一面積。資料顯示很多地方沙漠正在前進或擴展，例如撒哈拉沙漠的南侵與中國戈壁的擴展。沙漠的擴展可能出於人為的過失，例如大

圖1.19 沙漠沙塵暴（上圖）與北京市內沙塵暴（下圖）

興安嶺的過度開墾，使它失去了阻滯蒙古黃沙作用；也可能由於氣候的變遷，使許多可耕地喪失功能，此稱沙漠化。例如過去黃河的河水豐沛，有詩云：「黃河之水天上來」，近年來卻常乾枯，許多時候在黃河出海口竟然一滴水也沒有；又如北京近年來常為沙塵暴所苦（圖 1.19），而且沙塵暴的

範圍逐年擴大，甚至韓國、台灣、福建各處，近年來也常沙
塵暴來襲；沙塵暴來臨時，台灣許多城市上空都是灰濛濛的
一片，各地得氣喘病與呼吸道過敏病患，也大為增加。相關
題材請見第九章。

⑽聖嬰現象：聖嬰現象是指赤道附近太平洋表面海水水溫周期
性的變暖並導致氣候異常（圖1.20）；聖嬰現象發生時，該
年各地常有雨量失調現象，造成乾旱或洪水。聖嬰現象的討
論請見第九章。

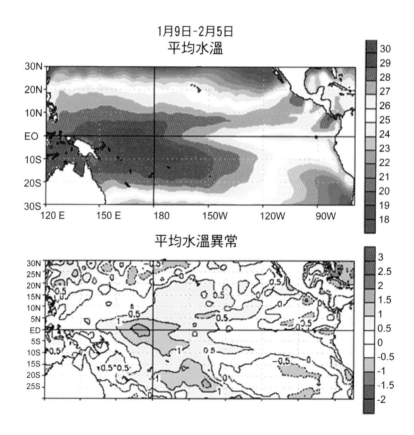

圖1.20 2005年1月9日至2月5日之間四週內赤道附近太平洋表面海水的平均水
溫（上圖）與異常水溫（下圖）

⚡是天災還是人禍？

「我們是活在氣候的憐憫下。」

（摘自「The Coming Global Superstorm」）。

人類是活在有條件的生存空間中，無論陽光、雨水、空氣，對人類生存缺一不可。只要全球平均溫度稍有變化，就要產生冰期（目前我們正處於間冰期）。只要大氣層與海水之平衡稍有變動，就要造成洪水與乾旱。火山爆發增多，火山塵遮蓋陽光，全球溫度即下降。失去臭氧層保護，紫外線就要把人曬死。因為我們所賴以生存的環境是如此精巧，所以稍為一點變化就要影響它的平衡。

為何近年來天災頻頻？是自然環境改變或氣候變遷嗎？還是人為的過失呢？我們很容易將所有責任都推給自然，但若細究天災的原因及其破壞的程度時將發現，每一事件的發生都是天災加上人禍的結果，而不是單一因素造成的，這個思想還會在以下各章中一再討論。

以卡崔娜颶風為例，它造成千餘人死亡及數千億美元的財物損失，但原本其災害程度不至這麼嚴重。在卡崔娜颶風發生以前，專家已一再警告紐奧良市北面堤防過於脆弱，在三級以上的颶風風力下可能遭破壞，但有關單位總是未加注意，以致似乎不可能發生的事終於發生。再如南亞海嘯造成慘禍，也是由於海岸過度開發，許多旅館均建築在海灘，正好在海嘯途徑上，許多紅樹林遭破壞，無法發揮緩衝功能。克什米爾地震死亡約 8 萬人，因學校和建築強度不夠，加上緊急救難系統脆弱，使災情更慘重。

再以台灣近年來多土石流與洪水為例，土石流雖與九二一地

震後山坡地土質鬆動有關，但山坡地過度開發，許多山坡地開發為住宅區、道路等，另有多處改種植檳榔樹、水蜜桃等淺根植物，也都增加了山坡不穩定因素。此外近年來水患增加，往往一雨成災，我們多歸罪於氣候因素，但水利署抽查全省排水箱涵及河道，發現許多均嚴重淤塞，喪失排水功能；再加上許多地區均有嚴重地盤下陷，這是由於該地加速發展，大量抽取地下水之結果。這些人為因素都加重了洪水的為患。

最後全球暖化及環境污染，更是近一世紀工業發展的結果，它們對人類生存環境的影響仍在加深中。

⚡歷史的借鏡與聖經中的預言

1. 歷史的借鏡

自然災變對人類生存有多大的影響呢？下面是歷史上所發生過的幾個事例，說明氣候與人類的生存、歷史的發展如何息息相關。

⑴恐龍的消失：在地球漫長的歷史中，最引人注目的就是恐龍的消失。恐龍活躍於中生代的侏羅紀（192Ma～136Ma），

一直到中生代的白堊紀與新生代的第三紀左右（65Ma）之間，在歷史舞台上活躍達一億年之久（圖1.21），然後突然間全體消失，地質學家稱為 K-T

圖1.21 恐龍曾活躍於中生代的侏羅紀到中生代的白堊紀與新生代的第三紀之間，達一億年之久，然後突然間全體消失

Extinction。（K 指白堊紀 Ｋ ｒ ｅ ｉ ｄ ｅ chalky 沉積層，Ｔ 指 Tertiary 第三紀）。

恐龍為何突然間全體消失？在 1980 年以前可說是眾說紛紜，沒有定論，但在 1980 年 Ｌｕｉｓ Ａｌｖａｒｅｚ 與 Ｗａｌｔｅｒ Ａｌｖａｒｅｚ 父子兩人提出隕石撞擊說

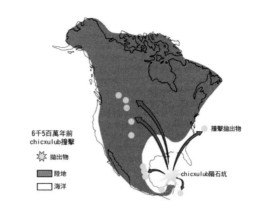

6千5百萬年前
chicxulub撞擊

☆ 拋出物

■ 陸地

□ 海洋

撞擊拋出物

chicxulub隕石坑

圖1.22 許多證據顯示，恐龍的消失是由於隕石撞擊地球，造成地球氣候改變，恐龍因不適生存而絕種

圖片取自 Carolyn Summers and Carlton Allen, Cosmic Pinball, McGraw Hill

後，因其證據具有很強的說服力，以後便普遍為大眾接受。Alvarez 父子提出的證據主要是根據地殼表層內銥的含量，在一般地殼內銥的含量甚低，只有 0.3ppm（ppm 即百萬分之一），但在中生代與新生代的地層界面，銥的含量為一般地殼內銥的含量的 30 到 200 倍，可見當時曾有相當大的天體與地球撞擊，因銥元素只有在高溫高壓下才會產生。在六千五百萬年前有一直徑約 10 公里大小隕石撞擊地球，造成火山、地震、海嘯、超級風暴、酸雨等活動，最終火山碎屑、灰塵遮蓋陽光達數月之久，地球氣溫下降。恐龍（大多肉食者）因不能取得足夠食物而絕種（圖 1.22）。

(2)1492 年哥倫布發現新大陸，西班牙海權活躍一時，也產生天主教文化全盛時期。之後英國海權興起，1588 年西班牙無敵艦隊與英國海軍大戰，英國海軍本都由漁船組成，不堪一擊，一場颶風將無敵艦隊摧毀。從此西班牙海權一蹶不

振，英國海權從此興起，並帶進基督教文化擴張。

(3)1812 年拿破崙入侵俄國，俄人厲行堅壁清野策略，拿破崙
　對俄國之嚴寒輕忽，當年之氣溫更低至 -34℃，結果雖然拿
　破崙佔領了莫斯科，但補給困難，最後仍為嚴寒氣候打敗。
　僅僅半年期間，入侵俄國之部隊有 50 萬人，回到巴黎者
　僅 1 萬人左右（圖 1.23）（大文豪托爾斯泰「戰爭與和平」
　一書中有非常生動之描述）。

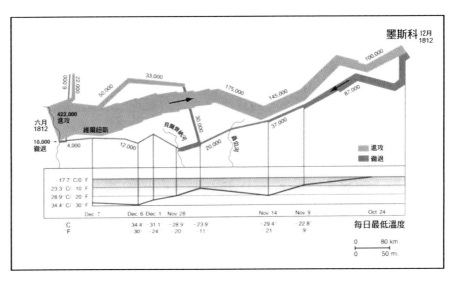

圖1.23 1812 年拿破崙入侵俄國，因輕忽俄國冬日之嚴寒，結果無功而返，近 50 萬
人的部隊回到巴黎時僅剩 1 萬人左右

圖片取自 Steven A. Ackerman and John A. Knox, Meteorology, Brooks/Cole
　　　 Thomson Learning

(4)1939 年希特勒犯了同樣錯誤入侵俄國，並且重演歷史，當
　年冬天俄國極冷（-52℃），坦克不能行駛，部隊凍死很
　多，並且久攻史達林格勒不下，終於在 1941 年 12 月撤退。
　俄軍（朱可夫將軍部隊）趁勢攻擊，德軍最終潰敗，歷史學

家稱史達林格勒為歐戰之轉捩點（《列寧格勒九百日》一書中有生動之描述）。以上幾個例子說明氣候不僅改變了戰爭，也改變了歷史。

2. 聖經中的預言

⑴佛教中有所謂「末法時期」，基督教有所謂「末世」，聖經中並有詳盡的描述。

⑵聖經可稱為書中之書，是全世界銷路最廣的書。這本書曾成功的預言了許多事，例如：巴比倫帝國、亞述帝國、希臘帝國、羅馬帝國的興衰，基督的降生及其一生，猶太人的亡國與復興等等。其中有一些預言則與現今時代有關，特別是聖經最後一卷書啟示錄，它預言了基督再來前的世界局勢，以及神對地的審判，這個審判以七印、七號、七碗來表示；細讀七印、七號、七碗的內容（見附錄），會發現它們大部分都是天災。鑑於聖經對以往歷史預言的準確以及它對人類社會重大的影響，則我們對此預言未來天災頻繁與加重趨勢，不能不留意。

⚡如何面對天災

面對天災頻頻加多趨勢，我們應當存何種態度？

1. 對天然災害應有相當的認知

許多在災前的預備，在災難中正確的應變和處置，都根據我們對天然災害的正確認知，最愚蠢的就是對天然災害完全置之不理。這方面不僅需要個人的努力，也需要政府對群眾多方宣導。

例如：美國夏威夷常發生海嘯，因此州政府作了許多宣導，使民眾熟悉如何逃難及其路線；佛羅里達州夏季多颶風，因此每到五月政府就運用媒體廣播並發行宣傳小冊，導引群眾認識颶風並做好準備；密蘇里州因曾發生過大地震，因此州政府每年都有「地震週」的教育，使群眾認識地震；日本鹿兒島常有火山爆發，因此每年都有演習，使群眾在逃難時不至失序。台灣近年來多地震、颶風、洪水、土石流等等天然災害，我們希望政府能更加強宣導工作，例如在集集大地震中，許多大樓民眾群聚於一樓中庭結果被壓扁，也有不少人回到已部分毀損舊居結果死於餘震；在土石流災難中，有些人忽視了土石流發生前徵兆，因而死於非命，這些事例中若政府導引灌輸民眾正確的知識，相信傷亡會減少很多。

2. 在災變前做好適當的準備工作

所謂多一分準備少一分傷害，例如在海嘯可能發生地點要注意海嘯逃生路線，在低水位區房屋要將地基墊高以防水災，在颶風經常肆虐區域夏季要做好防颶準備，在地震帶上居民要作建築物耐震性評估。關於這些在災前的準備工作及在災難中的應變，將在以後各章中專門詳述。

3. 在災變中須正確應變

這是性命攸關的事，一般人遇到災變常常驚慌失措，失去冷靜判斷。在南亞海嘯中有些人緊抓住棕櫚樹而逃過一劫，紅十字會的地震守則裡以「跳下、遮蓋、抓穩！」為救命原則，在雪崩逃難守則裡第一條為「若被掩蓋時用手或手臂在臉前製造呼吸袋，然後靜候施救」，這些都說明正確應變的重要性。切勿任其

自然置之不理，以致失去了獲救良機。

4. 在災後要發揮人道精神

　　無論是財物、人力或精神的援助都有幫助。要注意救災之第一時間最為關鍵，布希政府在卡崔娜颶風後援助遲緩飽受批評，因為耽誤了寶貴的救災時間；集集大地震後台灣政府的運作遠不如慈濟團體有效率，暴露出我們政府體系運作缺乏效率；南亞海嘯後各國的經援數字可觀，尤其是澳洲、德國、日本都立刻付出大量捐款，為普世所稱道。在災後我們要留意輿論媒體的報導，以便能盡一己之力，發揮人溺己溺之精神。

Q&A

1. 世界人口膨脹對人類會造成何種衝擊？

2. 你認為未來世界急劇的氣候變化有可能嗎？

3. 全球油田儲油即將用罄，你對能源危機看法樂觀嗎？

4. 近年來各國都開始重視生物能源，請說明你的看法。

5. 請略加說明環境污染問題（空氣污染、水污染）？

6. 常見的天災有那些？

7. 你認為全球性的氣候變遷有可能嗎？

8. 你認為人類可以從歷史上學得教訓，以避免更加深破壞自然環
   境嗎？

9. 近年來天災頻傳，你認為其造成原因是自然因素多還是人為因
   素多？

10. 在自然災害發生時，我們應如何沉靜面對？

附　錄

聖經中有關天災預言

（七印、七號、七碗）

馬太福音 24：21 因為那時必有大災難，從世界的起頭直到如今，沒有這樣的災難，後來也必沒有……。

啟示錄 6：12-14 揭開第六印的時候，我又看見地大震動，日頭變黑像毛布，滿月變紅像血，天上的星辰墜落於地，如同無花果樹被大風搖動，落下未熟的果子一樣。天就挪移，好像書卷被捲起來；山嶺海島都被挪移離開本位。

啟示錄 8：5-12 天使拿著香爐，盛滿了壇上的火，倒在地上；隨有雷轟、大聲、閃電、地震。拿著七枝號的七位天使就預備要吹。第一位天使吹號，就有電子與火攙著血丟在地上；地的三分之一和樹的三分之一被燒了，一切的青草也被燒了……。第三位天使吹號，就有燒著的大星，好像火把從天上落下來，落在江河的三分之一和眾水的泉源上。這星名叫茵蔯。眾水的三分之一變為茵蔯；因水變苦，就死了許多人。第四位天使吹號，日頭的三分之一，月亮的三分之一、星辰的三分之一都被擊打，以致日月星的三分之一黑暗了，白晝的三分之一沒有光，黑夜也是這樣。

啟示錄 16：1, 17-21 我聽見有大聲音從殿中出來，向那七位天

使說：你們去，把盛神大怒的七碗倒在地上……。第七位天使把碗倒在空中，就有大聲音從殿中的寶座上出來，說：「成了！」又有閃電、聲音、雷轟、大地震，自從地上有人以來，沒有這樣大、這樣厲害的地震。那大城裂為三段，列國的城也都倒塌了；神也想起巴比倫大城來，要把那盛自己烈怒的酒杯遞給他。各海島都逃避了，眾山也不見了。又有大雹子從天落在人身上，每一個約重一他連得（一他連得約有九十斤）。為這雹子的災極大，人就褻瀆神。

認識我們所生存的環境

⚡前言

第二、三章不是本書的主題，卻是以後各章的理論基礎。第二章題目是認識我們所生存的環境，使讀者認識我們所存在的時間與空間，第三章題目是板塊構造學說，說明許多自然災害如何與一個動態的地球有關。這兩章的內容，雖然在地質學、海洋學與天文學裡可能各有專論，但這裡我們是以自然災害的角度來討論這

圖2.1 從太空中遙望，地球實在是一個美麗的行星

些內容。第二章內容涵蓋宇宙的起緣、銀河的演化、星球的誕生與演化、太陽系的形成、地球的形成、地球的內部結構、大氣的結構與來源、地球上的生命、地球上的岩石等項目。從太空中遙望，地球實在是一個美麗的行星（圖 2.1），希望藉著本章知識，我們更能珍賞我們所生存的環境。

⚡宇宙的起緣

1. 擴張中的宇宙（The expanding Universe）

宇宙含有 2,000 億個銀河，每個銀河含有 2,000 億個恆星。由天文望遠鏡所觀測（圖 2.2），假設宇宙的邊緣是距離地球最遠的星球，它們距離地球約為 130 億光年（即光行 130 億年距離），故從而估計宇宙的年齡為 130 億光年，並且宇宙是在不斷的擴張中，但如何得知宇宙在擴張中呢？

圖2.2 以赫伯望遠鏡所觀測到的宇宙景象

(1)宇宙擴張（膨脹）的證據：紅位移是宇宙擴張的證據，由哈伯（Edwin Hubble）於 1929 年提出。

(2)都卜勒效應（Dopple Effect）：紅位移，即星球光譜有移向低頻（紅光在低頻端，紫、藍光在高頻端）趨勢（圖 2.3），是一種物理現象，這一種現象，可用物理學中的都

圖2.3 從紅位移證實宇宙在擴張中

卜勒效應解釋。都卜勒效應是說，當一個物體接近觀測者，它所發出的任何頻率對觀測者而言，會感覺比真實的頻率高。例如火車接近車站，在車站候車的乘客會覺得火車的鳴笛聲很尖

宇宙創始的三個理論

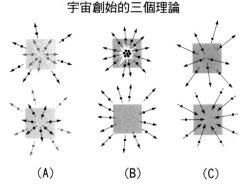

(A)　　　　(B)　　　　(C)

圖2.4 宇宙創始的三種理論：(A) 穩定狀態說　(B) 大爆炸說　(C) 宇宙脈動說

銳，反之當火車遠離車站，會覺得鳴笛聲很低沉。因此紅位移現象，即星球發出頻率移向低頻，說明星球在遠離地球，並且星球遠離地球的速率與星球與地球的距離呈正比。宇宙的擴張可由下述三種學說來解釋（圖 2.4）：

①穩定狀態說：由劍橋學者提出，說明宇宙以恆定速率擴張，並且新的物質不斷的添入以維持宇宙固定的密度。這些新添入的物質，主要是以氫原子型式出現。但這個學理在天文觀測中並未發現證據支持。

②大爆炸說：由 George Gamow 提出，說明宇宙起源於大爆炸，並且所產生之眾多銀河均在不斷擴張中。

③宇宙脈動說（pulsating universe）：說明宇宙物質現今在擴張中，但至終擴張速率會減慢並因重力作用又逐漸收縮回到原初狀態，如此周而復始。

此三種學說中以大爆炸說最為普遍接受。但宇宙是開放或封閉，是無限擴張或脈動說，取決於現今宇宙平均密度是否大於理論中的臨界密度（ ρ_c 定義如下式），雖然現今我們所觀察的宇宙密度值遠比臨界密度小，似乎支持一個宇宙無限擴張理論；但一

些物理學家認為宇宙中應存在著密度極大的「黑暗物質」，若然則計算的宇宙平均密度將大於臨界密度，一旦擴張到宇宙平均密度小於臨界密度，宇宙又會收縮。因此關於宇宙創始的學說何者正確，目前仍無定論。

$$\rho_c = 3H_0^2/8\pi G = 5*10^{-30} \text{ g/cm}^3，H_0 爲宇宙擴張速率$$

⚡銀河的演化

1. 每個銀河是由許多旋轉並聚集一起的星球、碎屑、灰塵、氣體構成，每個銀河含有 2,000 億個恆星，我們所在的銀河稱為本銀河（Our Galaxy）或牛奶路（Milk Way），在晴天的夏夜裡，觀察頭頂中天密密麻麻發出暗淡光輝如煙雲狀者，即本銀河，因我們位在本銀河內，當然看不到本銀河全貌，圖 2.5是天文望遠鏡觀測到的一個類似的銀河，與太陽系在其間所在的大致位置。

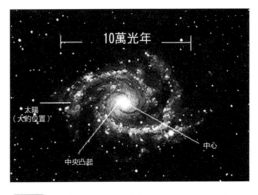

圖2.5 本銀河圖示，上圖與下圖為從不同剖面觀測

2. 星球或銀河間彼此的作用力是萬有引力。

3. 銀河的形狀與分類有：橢圓狀（Ellipticals）、螺旋狀（spirals）、棒狀（Barred Spirals）與不規則狀（irregulars）（圖 2.6）。

4. 橢圓狀銀河以較老的紅色星球居多；螺旋狀銀河混合有較老的紅色星球與較年輕的藍色星球；不規則狀銀河主要都是由較年輕的藍色星球構成。這似乎顯示一個演化的過程，由較年輕的不規則狀銀河進化到較老的橢圓狀銀河。有些天文學家卻以為銀河的大小、密度與氣體旋轉之速度決定銀河的形狀。

⚡ 星球的誕生與演化

1. 星球之形成是由於萬有引力（重力）的作用。星雲（nebulae）由氣體與灰塵構成，因重力作用收縮；當其被壓縮至直徑為 10,000 天文單位（astronomical units；指地球公轉軌道距離）時，準星球（protostar；指具有星球雛形）即出現（圖 2.7）。

銀河的形狀與位置

橢圓狀的銀河

螺旋狀的銀河

棒狀的銀河

不規則狀

圖2.6 銀河的種類按其形狀可分為：橢圓狀銀河、螺旋狀銀河、棒狀銀河與不規則狀銀河

此準星球再因重力作用繼續收縮，此時位能轉換為熱能，當中心溫度達 $10^7°C$ 時，核能反應（氫轉換為氦）發生，產生熱能足以抵抗重力，星球體積便固定，於是一個星球正式誕生。因角動量守恆緣故，星球均保留起初自轉特性。

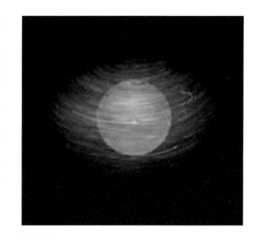

圖2.7 準星球示意圖
圖片取自 Tom Garrison, Oceanography, Brooks/Cole Thomson Learning 4th Ed.

2. 星球的演化

⑴赫羅圖表（HR Diagram）：由 Hertzsprung 與 Russel 於 1919 年提出，解釋星球的演化，大部分星球均位於此圖表上。此圖表之橫座標為星球之溫度，縱座標為星球之亮度，每個星球均由圖表中之一點表示。觀察赫羅主序列發現，所有星球幾乎全分布於赫羅圖表中的四個區域（圖 2.8）。大多數星球位於主序列（main sequence）上，有不少落於圖中巨星區（giants），由發亮的黃色到紅色星球構成。另有少部分落於發亮的超巨星（supergiants）與暗淡的白矮星區（white

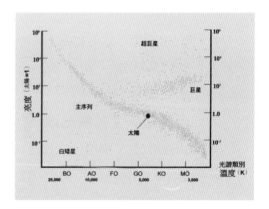

圖2.8 赫羅圖表，圖中顯示主序列、巨星、超巨星、白矮星位置

dwarfs）。

赫羅圖表中縱軸代表亮度，它與星等（1 到 6 等）有關。橫軸為星球表面溫度，此溫度可由觀察到的波譜求得，根據維恩定理（Wien's Law）：

黑體輻射最大波長（μm）＝2900／物體之溫度（$°$K）

例如太陽表面溫度 5,000$°$K，故最大波長約等於 0.5 μm（可見光範圍為 0.4～0.7 μm）。

(2)演化的途徑：（如同人的生老病死）

赫羅主序列說明星球演化的途徑，稱為星球的演化軌跡（evolution track）。

①主序列（main sequence）：為正常的星球所在。當星球內部有足夠的燃料以提供核反應，使星球能以穩定的速率輻射（發光）。

②紅巨星（Red Giants）：當中心之氫燃料消耗盡淨，中心附近因重力塌陷，此時其燃燒更劇烈並延及其外圍物質，星球體積因此膨脹，它們位於赫羅圖表之右上方角落巨星或超巨星處，通常被稱為紅巨星或紅巨人。

③白矮星（White dwarf）（佔 3%）：當星球內部與外部的燃料幾乎都完全耗盡，不能產生足夠熱能以抵抗重力，星球即開始塌陷（collapses）。在塌陷過程中星球可能經過數次爆炸（稱為超新星）拋掉許多物質，直到它們內部熱能及殘餘物質的燃燒能繼續抵抗重力，使體積再次穩定並發出微弱光芒，故被稱之為白矮星。

④黑洞（Black Hole）：很稀有的情況下，假若星球之質量

極大，當重力崩潰時，龐大的重力使其超越其他一切作用力並塌陷至體積幾乎為零，密度無限大（在數學上稱此為奇點），星球之引力大到將吸收一切所經過的光線，故被稱為黑洞。

⑤超新星（Supernova）：質量極大星球在其演化的晚期（塌陷），將因極高溫高壓爆炸。在爆炸瞬間產生許多重於鐵之元素，這些氣體物質被拋棄於太空中，是星球重金屬之主要來源（圖 2.9）。

註：宇宙中有四種基本力——萬有引力、電磁力、強作用力、弱作用力；各種力的適用範圍各有不同。天體間之作用力為萬有引力。

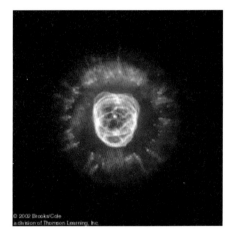

圖2.9 超新星示意圖
圖片取自 Tom Garrison, Oceanography, Brooks/Cole Thomson Learning 4th Ed.

⚡太陽系的形成

1. 約 50 億年前太陽系前身之星雲為呈碟狀物質，含 75% 氫、23% 氦及 2% 其餘來自超新星之氣體物質與碎屑，約經 5 千萬年至 7 千萬年之久，形成了太陽系。外圈的物質構成了太陽系的行星，內圈的物質構成了中心的太陽（圖 2.10）。各行星均因角動量守恆而保留了自轉特性。

2. 天文學家以為行星的形成是由於合併作用（accretion）。即小

的物質逐漸附合為大的物質。

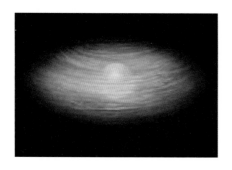 

圖2.10 太陽系從碟狀星雲（左圖），演變成今日太陽系行星體系（右圖）

圖片取自 Tom Garrison, Oceanography, Brooks/Cole Thomson Learning 4th Ed.

⚡太陽系簡介

太陽系包括：水星（Mercury）、金星（Venus）、地球、火星（Mars）、小行星（Asteroid）、木星（Jupiter）、土星（Saturn）、天王星（Uranus）、海王星

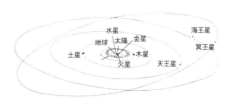

圖2.11 太陽系

（Neptune）等（圖 2.11）。前四者稱為內行星，多為石質固體，後四者稱為外行星，多為氣體（圖 2.12）。冥王星（Pluto）因體積甚小，且其長橢圓形軌道與海王星的軌道重疊，2006 年 8 月已被國際天文聯合會除名，不再具有行星資格。

水星：平均密度 5.44 g/cm^3（Earth 5.5），大部分由鐵構成，

沒有大氣層存在。

金星：有火山活動與地殼構造，如同地球之板塊活動，可能如地球有核心構造（鐵），有大氣層存在並全為二氧化碳氣體（CO_2），但晝夜溫差相差攝氏幾百度。

火星：平均密度 $3.94g/cm^3$，含許多鐵及重金屬，核心為鐵鎳及硫，有很小之大氣層，約為地球之 2%，可能有水。

小行星（Minor planets）：由 3 萬多個 1～800 公里直徑之碎屑及石質構成，彗星與小行星為隕石之主要來源，有關小行星的細節請見第十二章。

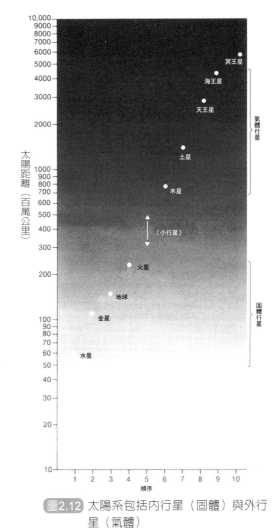

圖2.12 太陽系包括內行星（固體）與外行星（氣體）

木星及土星：含氫、氦及一些較重物質如岩石、鐵、冰等。有很厚之大氣層，由氫、氦、甲烷（CH_4）及阿摩尼亞（NH_3）構成。

彗星：是太陽系外圍行星形成後所剩餘的物質。由冰凍的氣體、冰塊和塵埃所組成。集中於太陽系的邊緣，但有時因太陽的引力而以橢圓形的軌道在太陽系裡漫遊。最有名的是哈雷彗星，

1986 年曾接近地球，其週期為 76 年。

地球的形成

1. 約 46 億年前，地球由裡到外成分均為一致。然而由於隕石的撞擊、重力擠壓、合併作用及地球內部放射線產生熱能，使內部部分融解。較重物質如鐵、鎳因重力下沉構成核心。較輕物質如矽（Si）、鎂（Mg）、鋁（Al）及氧的化合物（如 SiO_2）移至表面。

2. 產生地球成層的構造：地殼、地函及核心（如同蘋果）（圖 2.13）。

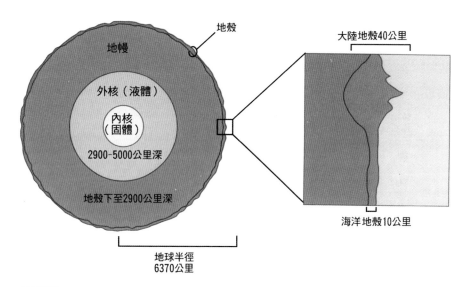

圖2.13 地球內部的構造

⚡地球的內部結構

1. 因密度分層

　　地球密度隨深度而增加可分為──地殼、地函及核心（圖2.14）。

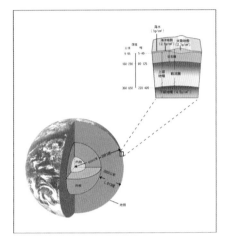

圖2.14 地球內部因密度不同而分層
圖片取自 Tom Garrison, Oceanography, Brooks/Cole Thomson Learning 4th Ed.

　　⑴地殼：位於地球表面約 10～65 公里厚，佔地球 0.4% 質量及 1% 體積。多為矽酸鹽礦物，海洋地殼較重（2.9 g/cm^3），大多為玄武岩由矽、鎂、鐵及氧構成。大陸地殼較輕（2.7 g/cm^3），大多為花崗岩由矽、鋁及氧構成。地殼與地函之間界面稱為莫荷不連續面（Moho Discontinuity）。

　　⑵地函：在地殼下方，佔地球 68.1% 質量及 83% 體積，主要由矽、氧、鎂、鐵構成，約 2,900 公里厚，密度為 4.5 g/cm^3。

　　⑶核心：核心在地球最內層，佔地球 31.5% 質量及 16% 體積，主要由鐵（90%）及鎳、矽、硫與其他重元素構成，密度達 13 g/cm^3。核心又分內核與外核，外核在地函下至 5,300 公里深，含流體性質，為地球具磁場原因，內核為固體。

2. 因物理性質而分層

　　岩石圈（lithosphere）為較冷與硬之外部，約 100～200 公里厚，軟流圈（asthenosphere）在岩石圈下方，當受壓時緩慢流動，深至 350～650 公里，軟流圈的對流帶動岩石圈（相當於板塊），產生所有地球表面的活動及地質現象。

3. 地球內部分層的證據

⑴由密度之分布：由地球半徑及質量可計算出平均密度為 5.52 g/cm^3，但地殼之密度為 2.7 g/cm^3，這表示地球內部由較重物質構成（表 2.1）。

表2.1 地球內部與地殼的主要構成元素物

全地球		地殼	
元素	重量比例	元素	重量比例
鐵	32.4	氧	46.6
氧	29.9	矽	27.7
矽	15.5	鋁	8.1
鎂	14.5	鐵	5.0
硫	2.1	鈣	3.6
鎳	2.0	鈉	2.8
鈣	1.6	鉀	2.6
鋁	1.3	鎂	2.1
（其餘全部）	7	（其餘全部）	1.5

(2)由地震學證據：

①地震波分為由表面傳播之表面波（surface waves）與穿越物體之實體波（body waves），表面波有雷利波（Rayleigh waves）與拉夫波（Love waves），實體波有 P 波與 S 波。

②P 波又稱縱波，因分子震動方向與波進行方向一致，例如彈簧波。S 波又稱橫波，因分子震動方向與波進行方向垂直，例如繩波。P 波較 S 波傳播速度快，先傳至地表（圖 2.15）。

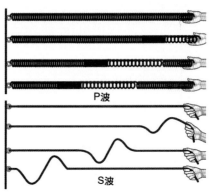

圖2.15 P 波是縱波（如彈簧波），S 波是橫波（如繩波）

圖片取自 Tom Garrison, Oceanography, Brooks/Cole Thomson Learning 4th Ed.

③地震波穿越不同界面時，因速度改變而產生折射。

④因 S 波不能穿越液體，Oldham（1906）推研地球內部內部有較密之流體構造（即外核），以致造成 S 波被吸收，他又預測 S 波之陰影帶（Shadow Zone），後也被證實。

⑤P 波可穿越地球，並可據以推導出地函與外核之界面，約在深 2,900 公里處。此外在 5,100 公里處，有密實的內核構造（圖 2.16）。

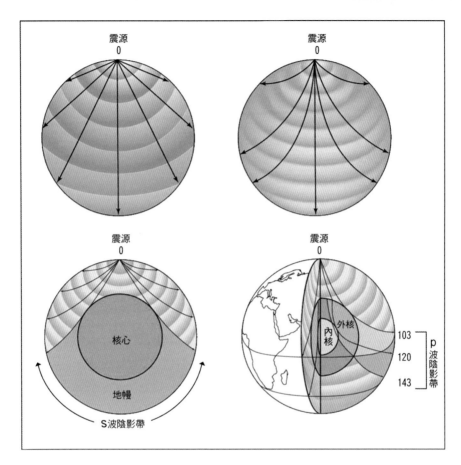

圖2.16 P波與S波之陰影帶，推研地球內部有較密之流體構造（即外核）與更密實的內核構造

圖片取自 Tom Garrison, Oceanography, Brooks/Cole Thomson Learning 4th Ed.

⚡地球的大氣

1. 地球大氣的由來

⑴地球初期的大氣，大多由 H_2、He 及少量之 CO_2、CH_4、NH_3 構成，但這些氣體後來均因地球初期之高熱而逃逸（escaped）。

⑵今日地球的大氣，主要由氧、氮、及一些 CO_2、CH_4 及水汽構成。這些氣體來自火山噴發的大量氣體，經長時間儲積而成（圖 2.17）。氧來自植物及浮游生物之光合作用。水汽以各種型式儲藏於海洋、冰河、湖泊、河川與大氣。

圖2.17 地球大氣的由來是由火山噴發的氣體，經長時期的累聚而來

2. 地球大氣的結構

氣象學家習慣根據大氣層內溫度的變化將其分為四層（圖 2.18）：

⑴對流層（troposphere）：這是從地表起到大約 10～16 公里高度，溫度隨高度而下降（在濕空氣中大約每公里高度下降 6℃），因著其間空氣對流的特性，所有天氣的變化都在對流層內發生，對流層的頂端稱為對流層頂（tropopause）。

⑵平流層（stratosphere）：從對流層頂到大約 50 公里高度，溫度隨高度而增加，稱為平流層。溫度上升的原因是因其

上部臭氧分子吸收陽光的能量,臭氧層吸收了大部分的紫外線,使人體不致受害,因此臭氧層的存在對人類生存是很重要的。因為平流層內氣流穩定,故一般噴射客機都會先爬升到這個高度再飛往目的地,平流層的頂端稱為平流層頂(stratopause)。

(3)中氣層(mesosphere):從平流層頂到大約 85 公里高度,溫度隨高度而下降,稱為中氣層,中氣層的頂端稱為中氣層頂(mesopause)。

(4)增溫層(thermosphere):從中氣層頂到大約 120 公里高度,溫度隨高度而增加,稱為增溫層,密度極低,其外即外太空。

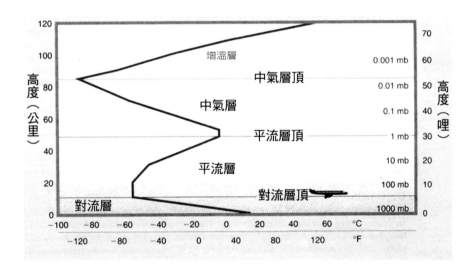

圖2.18 大氣的結構

圖片取自 Steven A. Ackerman and John A. Knox, Meteorology, Brooks/Cole Thomson Learning

⚡地球上的生命發展史

　　地球上的生命最早發現於海洋，並以藍綠藻型式出現（如同細菌之有機體）。約在 5 億 7 千萬年前之前寒武紀時（Precambrian, 570 Ma），生命以許多不同型式「爆發」（例如：三葉蟲 trilobite，500 Ma，貝 cephalopods，370 Ma）。恐龍（Dinosaurs）活躍於侏羅紀（Jurassic, 160 Ma）至白堊紀（Cretaceous, 65 Ma），然後突然全體消失，人類之存在僅是近萬年來的事（圖 2.19）。

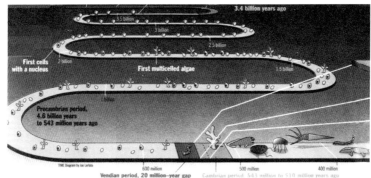

圖2.19 地球上的生命發展史

圖片取自 Time magazine, April 1997

1. 請解釋大爆炸說。

2. 何謂紅位移？如何由紅位移證明宇宙在擴張中？

3. 請說明星球的演化。

4. 太陽系如何形成？

5. 太陽系內有那些內行星？有那些外行星？其特徵有何不同？

6. 請說明地球的內部結構。

7. 如何由地震波證明地球內部有分層構造？

8. 請說明地球大氣的由來。

9. 請說明地球大氣的結構。

10. 岩石的種類有那些？其形成環境各有何不同？

11. 請各列舉二個常見的火成岩、沉積岩、變質岩。

附錄

地球上的岩石

　　因以下各章中多處談到岩石，本章中我們須建立一點對岩石的基本認識。

1. 岩石的種類

　　岩石是什麼？

　　岩石是由一種或多種礦物組成的集合體。

　　自然界有三種不同種類岩石：火成岩、沉積岩、變質岩，各由不同作用構成（見表 2.2）。

表2.2　岩石的分類

	火成岩	沉積岩	變質岩
礦物成分	岩漿種類及如何結晶	被侵蝕的岩石來源或化學環境	變質的溫度與壓力
岩理	噴出岩或侵入岩	顆粒被侵蝕的歷史	變質力大小或接近侵入岩體程度
化石		成層的年齡與沉積環境	

2. 火成岩

⑴形成：岩漿接近地表，因溫度壓力降低，礦物逐漸接近熔點而先後結晶，構成岩石稱為火成岩（圖 2.20）。

　　岩漿中各種礦物結晶有一定順序，熔點高者先結晶，熔點低者後結晶，稱為鮑氏（Bowen）反應系列。

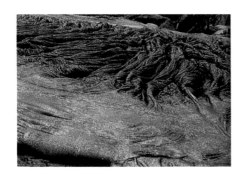

圖2.20 火成岩由岩漿結晶而成

圖2.21 火成岩中角閃石結晶

(2)特徵：火成岩特徵是由許多大小不一的礦物結晶粒組成，並且質地嚴密堅實（圖 2.21）。

(3)分類：按生成時岩漿是否流出地表分為噴出岩及侵入岩兩大類；再按所含結晶礦物成分的不同，細分為各種火成岩，見表 2.3 及圖 2.22。

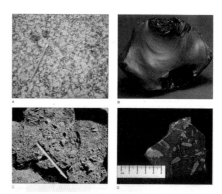

圖2.22 常見的火成岩：(A) 花岡岩、(B) 黑曜岩、(C) 玄武岩、(D) 斑狀岩

圖片取自 Carla W. Montgomery and Edgar W. Spencer, Natural Environment, McGraw Hill Custom Publishing

表2.3 常見的火成岩

火山岩 （細粒結晶） （噴出岩）	流紋岩	安山岩	玄武岩
深層岩 （粗粒結晶） （侵入岩）	花岡岩	閃長岩	輝長岩

註：玻璃質岩石：黑曜岩、浮石

3. 沉積岩

(1)形成：沉積岩是岩石及生物遺骸，經過下列地質作用，而造成沉積岩。這些作用包括：

①風化作用（物理風化、化學風化）（圖 2.23～24）。

圖2.23 物理風化實例

②侵蝕作用（圖 2.25）。

③搬運作用（圖 2.26～27）。

④沉積作用（沉降、沉澱）

　(a) 沉積物：（岩石、礦物碎屑）沉積 (b) 生物遺骸碎片：溶解在水中的物質沉澱。

⑤成岩作用（壓密、膠結、再結晶）。

(2)特徵：沉積岩具有下列特徵

①層理：沉積岩的主要特徵，

圖2.24 化學風化實例

依礦物顆粒大小、成分差異、結構生成環境之不同，具有成層的構造（圖 2.28）。

②粒級層：層理的一種，組成礦物的顆粒越下越粗，越上層越細。

③交錯層。

④波痕：水流動造成。

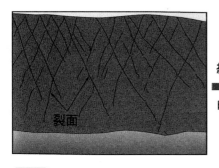

圖2.25 風化作用、侵蝕作用

圖2.26 河流的搬運作用

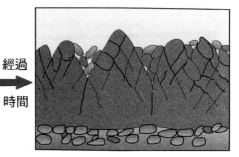

圖2.27 風的搬運作用

⑤生痕：生物活動造成，化石
　的一種。

⑥可能含有化石（圖 2.29）。

(3)分類：沉積岩可依下述各項性
　質不同細分如下，常見的沉積
　岩見圖 2.30。

①碎屑沉積岩

　(a)主要由岩石、礦物碎屑組

圖2.28 層理構造

成。

(b)是最常見的沉積岩。

(c)依顆粒大小分為：礫
岩、砂岩、泥（頁）
岩。

②生物沉積岩

(a)主要由生物遺骸組成。

(b)例：生物石灰岩、煤。

③化學沉積岩

(a)溶解在水中的物質經化
學沉澱而成，例：化學
石灰岩。

(b)古鹹水湖中的溶解物質
蒸發而成，例：蒸發岩
——岩鹽與石膏。

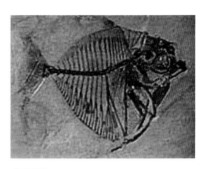

圖2.29 魚化石

圖2.30 常見的沉積岩：(A) 石灰
岩、(B) 頁岩、(C) 砂岩、
(D) 礫岩

圖片取自 Carla W. Montgomery and
Edgar W. Spencer, Natural
Environment, McGraw Hill
Custom Publishing

4. 變質岩

⑴形成：變質岩是岩石經變質
作用而造成。所謂變質作用是岩石因高溫高壓造成原有礦物
發生化學反應，在固體狀態下，生成新礦物或改變顆粒大
小、形狀、排列方式的作用。（圖 2.31）

⑵特徵：變質岩或受高壓而產生機械變形作用，或因高溫產生
化學再結晶作用。所以變質岩的特徵或者有葉理，即岩石一

片片彼此平行排列，或者無葉理但由一些細粒的結晶礦物組
成。

(3)分類：變質岩的分類即按有無葉理來分，見表 2.4。常見的
變質岩見圖 2.32。

圖2.31 岩石因高溫高壓作用變質
圖片取自Edward J. Tarbuck and
Frederick K. Lutgens, The
Earth, Macmillan Publishing

圖2.32 常見的變質岩：(A) 大理岩、
(B) 石英岩、(C) 片岩、(D) 片麻岩
圖片取自Carla W. Montgomery and
Edgar W. Spencer, Natural
Environment, McGraw Hill
Custom Publishing

表2.4 常見的變質岩

變質岩		原岩
葉片狀 （具葉理）	板岩	頁岩或泥岩 （沈積岩）
	片岩	
	片麻岩	
	花岡片麻岩	花岡岩（火成岩）
非葉片狀 （不具葉理）	角閃岩	玄武岩（火成岩）
	大理岩	石灰岩（沈積岩）
	石英岩	砂岩（沈積岩）
	蛇紋岩	橄欖岩（火成岩）

5. 台灣常見的各種岩石及其分布

台灣因其特殊的地質及構造環境，具有多種不同岩性的岩石，它們的分布見圖 2.33。

現代沖積層
大屯/基隆火山群
澎湖玄武岩群島
海岸山脈島弧火山
西部麓山帶沈積岩
恆春半島沈積岩
中央山脈變質岩

圖2.33 台灣常見的各種岩石及其分布
圖片取自http://content.edu.tw/senior/
earth/tp_ml/twrock/class3/
location3.htm

Chapter 3

板塊構造學說：
一個動態的地球

⚡前言

地質學的發展到現今已經有兩百多年的歷史了，從 1785 年英國的赫登（James Hutton）根據他的觀察，發表了「地球的理論」（Theory of the earth）一文後，地質學才開始有了有系統的科學研究。但直到二十世紀中葉，人類對地球的認識還只停留在一個靜態地球的觀念，直到第二次世界大戰後，由於地球物理、地球化學及地質學許多新的發現，一個動態地球的概念才逐漸被構築成形。在本章中我們要先談談大陸漂移與海底擴張學說，當然這兩個學說主要來解釋觀察到的地質現象，我們必須列出支持這二個學說的證據。末了我們要詳述板塊構造學說，作為前述兩學說的理論基礎。

⚡大陸漂移（Continental Drift）

1. 學說起源

英國的培根（Francis Bacon）於 1620 年提出非洲與南美洲的陸緣可以彼此銜接。魏格納（Wegener）於 1912 年發表「大陸與海洋的起源」一文（"The origins of Continents and Oceans"）。

⑴魏格納提出一古大陸，稱為原始大陸（Pangaea），被一原始大洋（Panthalassa）包圍，Panthalassa 包含幾個小的海

（如 Tethys Sea），約在 2 億年前 Pangaea 破裂，各大陸開
始漂移至現今位置（圖 3.1）。

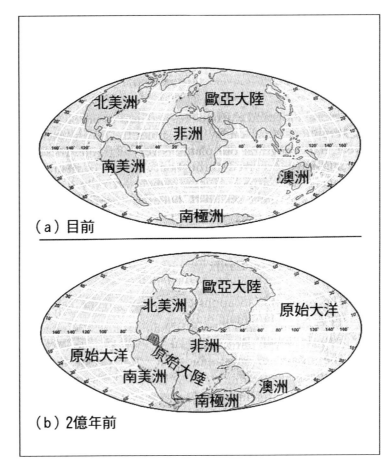

圖3.1 1912 年魏格納提出大陸漂移理論

(2)魏格納的證據：魏格納是一傑出之氣象學家、地質學家兼探
　　險家（圖 3.2）。他提出之證據首先是海岸線的吻合（少部
　　分不符），他也發現不同大洲老的山脈與岩石種類遠隔大洋
　　卻相吻合，有些約在 1 億 5 千萬年前的生物化石亦然。

(3)漂移的機制：魏格納假設
　潮汐力為漂移之動力來
　源；但潮汐力經計算太過
　微弱，不足以驅動大陸作
　為漂移的動力來源，因此
　此學說式微，直到第二次
　世界大戰後才重新被人提
　出。

2. 大陸漂移證據

(1)大陸拼圖：1960 年初英
　國的 Edward Bullard 爵士
　利用大型計算機計算，重
　新作大陸之拼圖。他考慮
　大陸邊緣曾經侵蝕，故以
　水深 2,000 公尺處計算，

圖3.2　1930 年魏格納探險格林蘭留影
圖片取自 Tom Garrison, Oceanography,
　　　　Brooks/Cole Thomson
　　　　Learning 4th Ed.

此深度在現今海岸線與洋底盆地（ocean basins）中間，代
表當初真正大陸之邊緣，計算結果得到一個相當吻合之大陸
拼圖（圖 3.3）。

(2)化石的紀錄：

①由於生物演化是不可逆的，較老的岩層中，存在較原始種
　的化石，較年輕的地層中的化石較接近現生種，所以藉由
　生物化石可判斷地層的相對年齡。藉比較不同地方地層中
　的化石，與其上（較年輕）、下（較年老）關係，好像在
　拼合一本散裝的書本，我們重新恢復書本中各頁正確的次
　序（圖 3.4），所得到的一個時間表稱為地質時間表。這

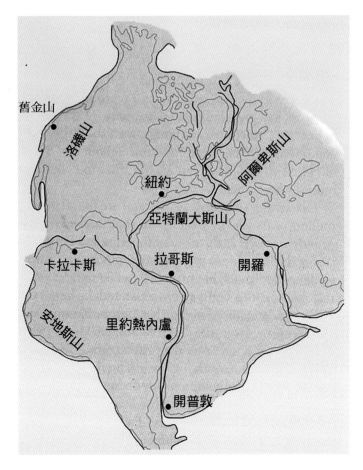

圖3.3 Edward Bullard 爵士利用大型計算機計算所作大陸拼圖
圖片取自 Harold V. Thurman, Introductory Oceanography, Prentice Hall 8th Ed.

種比較地層中的化石而得到各地層相對年齡的方法，稱為相
對定年法（relative dating）。

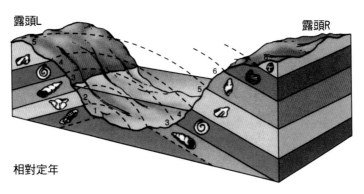

露頭L
露頭R
相對定年

圖3.4 化石是岩石中所含生物遺體，藉比較不同地方地層中的化石，好像將一本散裝的書頁，重新拼合完整，可據以定年

圖片取自 Harold V. Thurman, Introductory Oceanography, Prentice Hall 8th Ed.

②相同之化石在不同洲發現，惟有大陸漂移可解釋此現象，否則很難相信它們會游過大洋（如圖 3.5Mesosaurus恐龍化石在南美洲與非洲均曾發現）。

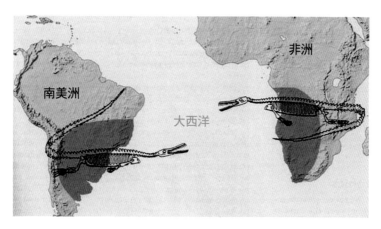

非洲

南美洲

大西洋

圖3.5 Mesosaurus 恐龍化石曾在南美洲與非洲發現

(3)岩石序列與山脈之吻合

①多處地層間岩石種類與
其變化的順序隔著大陸
卻相吻合，此外老的山
脈、構造（如斷層、背
斜等）與變質程度等，
均可隔岸相連接（圖
3.6）。

②不同處岩石的年齡也可
互相對應。岩石的年齡
可由岩石採樣中的不穩
定的放射性元素與其衰
變後穩定的生成物的比
例決定，這是因為根據
對照衰變的半衰期及上
述比例，即可推算岩石

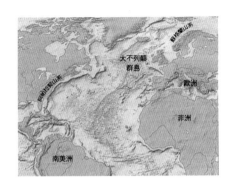

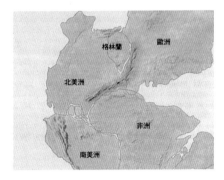

圖3.6 各大洲（上圖）之山脈、構造、岩石的岩性及其年齡等，均可隔岸相連（下圖）

年齡，這種定年法稱為放射性定年（radiometric dating）
或稱絕對定年（absolute dating），例如可利用岩石中具
放射性的鈾 238 元素衰變為鉛 206 來定年（圖 3.7），上
述古老岩石的年齡乃根據絕對定年法決定。

(4)冰川與其他有關氣候的證據：

①冰川因其夾帶物質與重力能切割表面，造成特殊地形。例
如U型狀的冰峽（Fjord，圖3.8），此外冰川後退時留下
巨大的礫石，稱為漂礫（erratic boulders，圖3.9），也是
古冰川的證據。

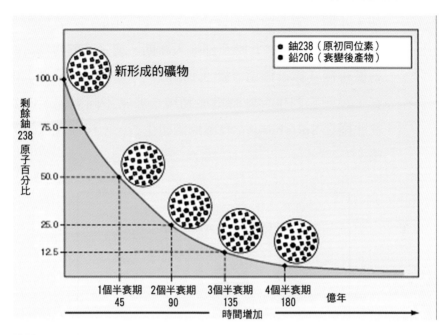

圖3.7　絕對定年法：利用岩石中具放射性的鈾 238 元素衰變為鉛 206 及其半衰期，可決定岩石的年齡

圖片取自 Tom Garrison, Oceanography, Brooks/Cole Thomson Learning 4th Ed.

圖3.8　挪威的的冰峽是由冰川切割而成

圖3.9　加拿大近 Calgary 原野上有冰川留下的漂礫

②冰川沉積物稱為冰磧物（圖 3.10c，一種沒有層理的混雜物質），它是古冰川留下的證據，在低緯度地區之南美

洲、非洲、印度與澳洲均曾發現（圖 3.10b）。此現象一者可解釋為全球在當時全部進入冰期，或者可解釋為這些地區曾極其靠近極區（圖 3.10a）。許多植物與動物之化石，說明它們生存當時處於和現今非常不同氣候，例如在北極之 Spitsbergen 發現棕櫚樹化石，南極發現煤的沉積。

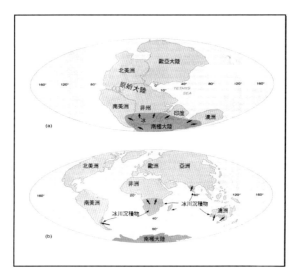

圖3.10 冰川沉積物稱為冰磧物（圖 c），在低緯度地區之南美洲、非洲、印度與澳洲均發現有冰磧物（圖 b），它們可能一度處於相當接近南極位置（圖 a）

(5)磁極移動（Apparent Polar Wandering）

①古地磁（Paleomagnetism）：大多數火成岩都含有一些磁性礦物如磁鐵礦（magnetite Fe_3O_4）分子，在岩石造成時產生磁性，並照當時地球磁場方向作排列。火山熔岩如玄武岩，當冷卻至低於居里點溫度（Curie Point, $400°C \sim 600°C$）時，所有磁性礦物產生磁性，其排列會指向當時南北極，並將此特性保留於岩石中。對沉積岩而言，其所含磁性礦物在沉積時也會照當時地磁場方向作排列，但磁性較弱。磁偏角（magnetic declination）與磁傾角（magnetic inclination）可決定岩石造成當時的地磁北極所在和岩石生成的位置（緯度）（圖 3.11）。

②藉著上述古地磁研究方法，我們得以建立地磁北極隨年代的變化，結果發現地磁北極非永遠固定在同一位置，它常會在一段時間後移動到附近

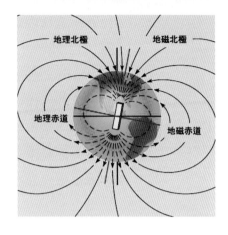

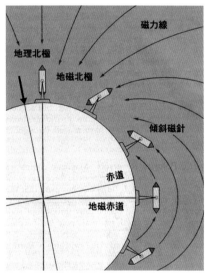

圖3.11 在岩石中的磁性礦物，在熔岩冷卻低於居里點溫度時產生磁性，磁性礦物的排列會指向當時南北極，可決定其生成時地磁北極所在和岩石的位置（緯度）

圖片取自 Tom Garrison, Oceanography, Brooks/Cole Thomson Learning 4th Ed.

位置，這種現象我們稱之磁極移動（polar wandering）。
圖 3.12 顯示北美洲與歐洲各有不同的「磁極移動曲線」
（polar wandering curves），很顯然的在同一時間，北美
洲與歐洲所作古地磁研究似乎得到兩個不同位置的地磁北
極，但這是不可能的。如照大陸漂移說考慮兩大洲的漂移
歷史，則此兩磁極移動曲線合成一條曲線，這可以說是大
陸漂移學說最有力證據。

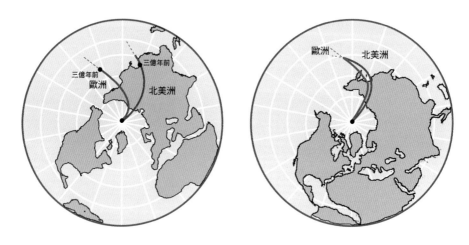

圖3.12 考慮北美洲與歐洲的漂移，北美洲與歐洲磁極移動曲線將合為一條
圖片取自 Harold V. Thurman, Introductory Oceanography, Prentice Hall 8th Ed.

3. 大陸漂移的歷史：（圖 3.13）

⑴2 億 1 千萬年前 Pangaea 為完整一塊。

⑵約 2 億年前 Pangaea 裂開為 Laurasia（今北美洲與歐洲）與
　Gondwanaland，南印度洋開始形成，印度漂離南極向北漂
　移，最終與亞洲大陸相撞。

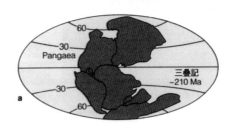

(3) 1 億 3 千 5 百萬年前非洲與南美洲開始分開並逐漸形成大洋，北美洲與歐洲仍為完整一塊。

(4) 6 千 5 百萬年前非洲與南美洲已分開，非洲向北漂移，地中海形成，澳洲開始與南極洲分開，馬達加斯加島與非洲分開。

(5) 在最近 1 千 6 百萬年前，北美洲與歐洲已分開造成北大西洋。格林蘭漂離歐洲，北美洲與南美洲連接，澳洲最終與南極洲分開，印度撞及亞洲並相互推擠造成喜瑪拉雅山脈。

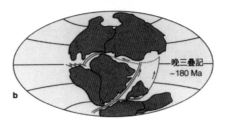

圖3.13 大陸漂移的歷史，說明請見正文

圖片取自 Tom Garrison, Oceanography, Brooks/Cole Thomson Learning 4th Ed.

⚡海底擴張（Sea Floor Spreading）

1. 學說起源

(1)1962 年普林斯頓大學的海斯（Harry Hess，圖3.14）發表「海洋盆地的歷史」（History of Ocean Basins）。

(2)理論：地函內的岩漿因對流作用，沿中洋脊（mid-ocean ridge）裂谷上升到海底，在中洋脊頂部造成新的海洋地殼，並迫使原來在裂谷兩側老的海洋地殼遠離，向中洋脊左右不斷推移擴張，這就是海底擴張學說（圖3.15）。老的海洋地殼被推移到海溝（trench）附近，因對流作用下降而回到地函被消滅（海底擴張速率為每年

圖3.14 普林斯頓大學的海斯提出海底擴張理論

圖片取自Harold V. Thurman, Introductory Oceanography, Prentice Hall 8th Ed.

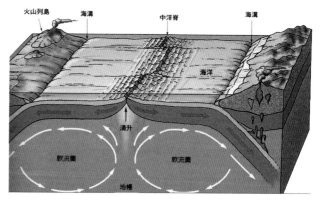

圖3.15 海底擴張學說：新的海洋地殼在中洋脊生成，向兩側推擠，在海溝處下降至地函而消滅

圖片取自Harold V. Thurman, Introductory Oceanography, Prentice Hall 8th Ed.

3～18 公分，太平洋較快）。

⑶驅動機制（Driving mechanism）：上部地函的對流。

2. 證據

⑴地形的證據（Topography）：海斯注意到在深海海盆中間有
顯著的山脊，在海盆兩側有顯著的海溝（圖 3.16～17），衛
星所測地球重力資料（Satellite Altimetry data）顯示海底地
形變化也印證如此（圖 3.18）。此外火山活動（環太平洋的
火環）（圖 3.19）、地震帶（圖 3.20）、島弧及許多後經證
實的地質現象均與海底擴張學說吻合。

圖3.16 洋底盆地地形
圖片取自 Harold V. Thurman, Introductory Oceanography, Prentice Hall 8th Ed.

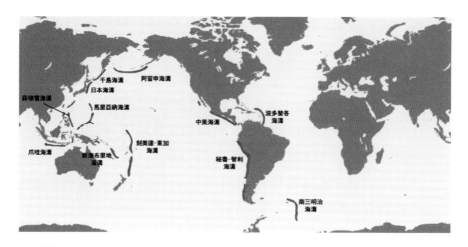

圖3.17 全球海溝位置

圖3.18 衛星所測地球重力資料（Satellite Altimetry data）顯示海底地形變化
圖片取自 Harold V. Thurman, Introductory Oceanography, Prentice Hall 8th Ed.

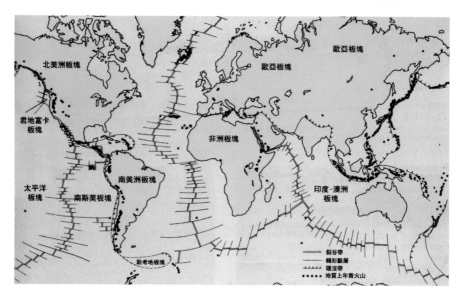

圖3.19 全球火山活動

圖片取自Carla W. Montgomery and Edgar W. Spencer, Natural Environment,
　　　McGraw Hill Custom Publishing

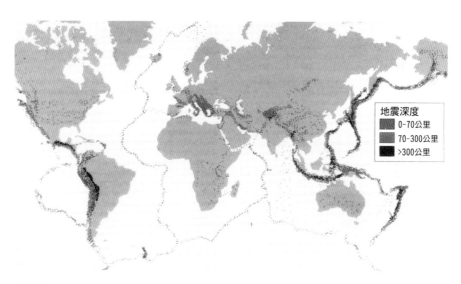

圖3.20 全球地震活動：自 1977 年 1 月至 1986 年 12 月

圖片取自Tom Garrison, Oceanography, Brooks/Cole

⑵磁極反轉（Magnetic Polarity Reversals）：

　①地球磁極常呈週期性的反轉，南極與北極磁極彼此對調。當新的海洋地殼在中洋脊形成時，其磁性礦物隨同當時之磁極排列，海洋地殼很忠實的記錄了這個地球磁極反轉現象，此正—反磁極相間的分布如同圖樣般對稱於中洋脊（圖3.21），因此證明新生海洋地殼在形成後即沿擴張中心向兩側推移。

　②藉著「正向」（磁極與現今相同）與「反向」（磁極相反）來作時間標準，可作出磁極時間表（Magnetic Time Scale），以世代（epoch）與事件（event）為單位（圖3.22）。

⑶海洋盆地的年齡：從目前所鑽探的海洋地殼與其上的沉積物發現，越接近中洋脊處越年輕，越接近海溝處越老，並且各處海盆年齡的長短也對稱於中洋脊（圖3.23）。

⑷熱點（Hot Spots）：熱點是來自地函深處固定之熱源，其岩漿以熱柱（Mantle Plume）型式上升至地表，在地表造成火山活動，在太平洋有一些島嶼是因熱點形成的。這些太平洋的島鏈均顯示一特性，即各個島的年齡隨島鏈排列方向成比例增加（圖3.24）。這顯示每次火山活動造成新島嶼後，因海底之移動，該島的位置在一段時間後將與熱點分開，不再有持續的火山活動。

⑸熱流（Heat Flow）：熱流是地球內部熱能在地表的釋放。

　①測量地表熱流顯示，在中洋脊附近熱流值為地表平均值之8倍之多（圖3.25）。

　②在海溝，即海洋地殼隱沒處，熱流只有平均值的十分之一（圖3.25）。

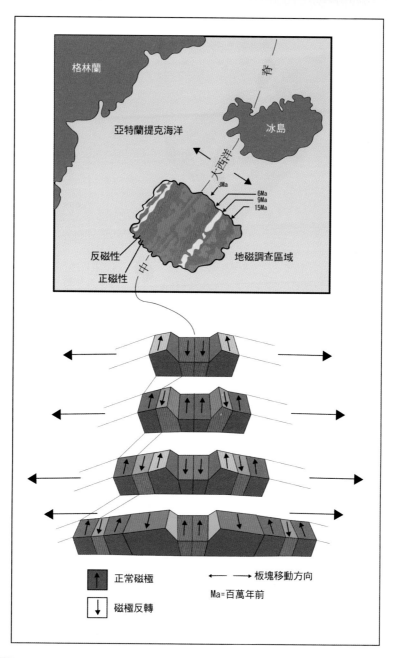

圖3.21 地球磁極一段時間後便會反轉，南北極倒向，其分布如同圖樣般對稱於中洋脊
圖片取自 Tom Garrison, Oceanography, Brooks/Cole

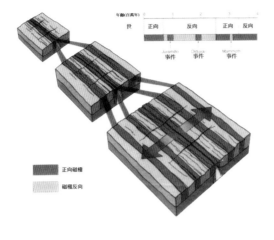

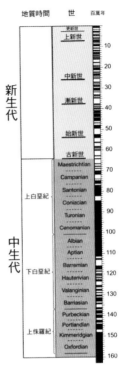

圖3.22 以磁極的正向與反向作為時間標準，以世代與事件為單位（左圖），作出磁極時間表（右圖）

圖片取自 Harold V. Thurman, Introductory Oceanography, Prentice Hall 8th Ed.

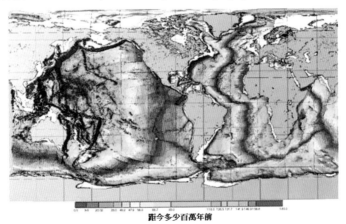

圖3.23 海洋盆地的年齡越接近中洋脊處越年輕，越接近海溝處越老

圖片取自 Tom Garrison, Oceanography, Brooks/Cole

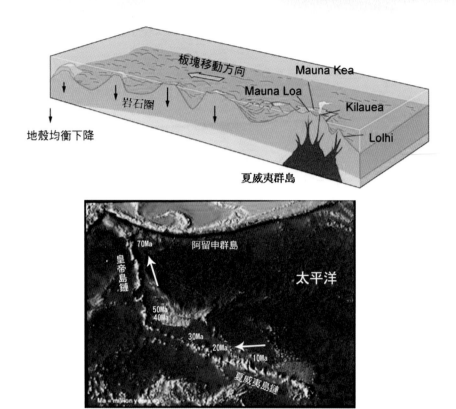

　　③熱流值的變化顯示中洋脊處新生地殼熱流值高，在海溝處
　　　古老地殼熱流值低，與前述幾項證據結論均一致。

⑹環礁（Atolls）及海桌山（Guyots）：環礁是環狀之珊瑚礁
　群島，其中心是下沉之不活動火山。海桌山是上部平坦之下
　沉火山島，環礁與海桌山的形成過程都證實了海床的擴張。

　①環礁的形成經過如下：珊瑚沿著海島之四周生長，構成裙
　　　礁（fringing reef）。如果海島逐漸下沉，但珊瑚繼續向上
　　　生長，構成堡礁（barrier reef），中間有潟湖（lagoon）
　　　與島相隔。如此過程繼續，則最終中心海島完全消失，

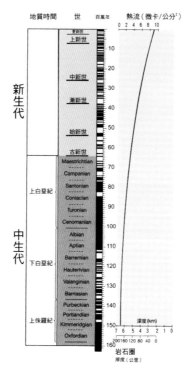

圖3.25 地表熱流值顯示，在中洋脊附近地殼很熱，在海溝附近地殼很冷

圖片取自 Harold V. Thurman, Introductory Oceanography, Prentice Hall 8th Ed.

只剩下周圍如環狀之珊瑚礁，稱為環礁（圖 3.26～
27）。事實上這個現象達爾文在 1831～1836 年間，
隨 HMS Beagle 號航行考察時就已經發現了。

②海桌山（Guyots）為逐漸下降之火山島，在隨海底擴張而
下沉中，其上部被海浪侵蝕而削平（圖 3.26）。

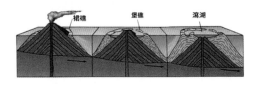

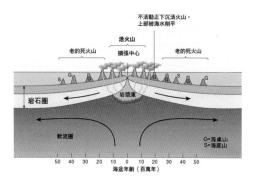

圖3.26 環礁（上圖）與海桌山（下圖）的形成過程，兩者都證實了海底擴張的理論
圖片取自 Harold V. Thurman, Introductory Oceanography, Prentice Hall 8th Ed.

板塊構造學說（Plate Tectonics）

1. 理論基礎

⑴當大陸漂移結合了海底
擴張說，板塊構造學說
隨即醞釀而生，作為它
們的理論根據。板塊構
造學說視地表由許多板
塊構成，每個板塊或以
大陸地殼為主，或以海
洋地殼為主，或由兩者

圖3.27 太平洋所見之環礁

合成，並結合了其下部緊鄰之部分較硬之地函（相當於岩
石圈 lithosphere），厚度在 70 至 100 公里左右，其下為具
流動性質的軟流圈（asthenosphere）。板塊之邊緣定義了
主要的地震與火山帶，板塊構造學說於 1965 年由威爾遜

（J.T. Wilson）提出（圖
3.28）。

⑵地球表面之活動，主要受
到板塊間的彼此作用，這
些板塊主要為七個主板塊
（Major Plate），十幾個
次板塊（Subplate）與一
些較小板塊構成。七個主
板塊分別為太平洋板塊、
歐亞板塊、非洲板塊、澳

圖3.28 1965 年威爾遜提出板塊構造學
說

洲板塊、北美洲板塊、南美洲板塊、南極洲板塊。每一板塊
的範圍是由其邊緣的海溝、中洋脊與轉形斷層所界定（圖
3.29）。

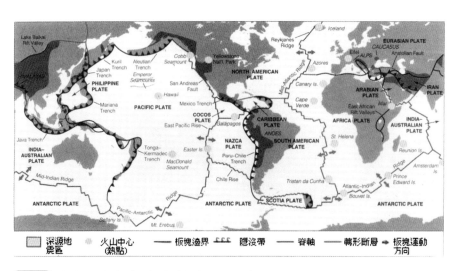

圖3.29 地球表面的板塊及板塊邊緣的各種活動
圖片取自 Tom Garrison, Oceanography, Brooks/Cole

2. 板塊邊緣（Plate boundaries）

　　板塊及其邊界如圖 3.29，每個板塊與其相鄰板塊在其相界處互相作用。板塊與其相鄰板塊間在其邊緣相界處互相作用。

　　圖 3.30 中 A、B、C 三板塊，分別在三種不同的邊界相互作用。板塊 A 的邊界分別經歷了三種不同的作用力：⑴張力或拉力；⑵擠壓或壓力；⑶平行作用力或剪力（shear）。三種作用力也形成了三種不同的板塊邊緣：⑴分離板塊邊緣（Divergent plate boundary）；⑵聚合板塊邊緣（Convergent plate boundary）；⑶存留板塊邊緣（Conservative plate boundary）或轉形板塊邊緣（Transform plate boundary）。

　　圖 3.31 是更進一步的解說，說明三種不同的作用力產生三種不同的板塊邊界：⑴張力：形成正斷層（Normal Fault），地塹（Graben）；⑵壓力：形成摺皺（Fold），逆斷層（Reverse

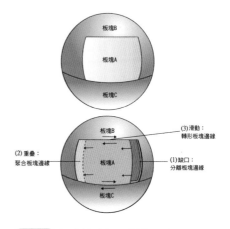

圖3.30 板塊的邊緣及其作用力

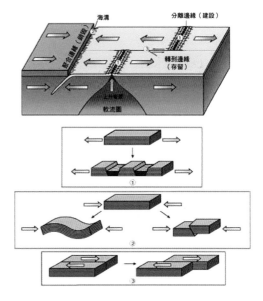

圖3.31 三種不同的作用力產生三種不同的板塊邊界

圖片取自 Tom Garrison, Oceanography, Brooks/Cole

Fault）；(3)剪力：形成轉形斷層（Transform Fault）。以下解說板塊邊緣所發生的活動及地質現象。

(1)分離板塊邊緣：主要指的是中洋脊，產生新的海洋地殼並推擠兩板塊互相分離。這個分離板塊邊緣的形成經過如下（圖3.32）：

①當大陸中間有熱源或熱點，岩漿上升接近地表，其張力與拉力作用於其上之板塊，結果造成了裂谷（rift valley）、地塹（Graben）與正斷層，如圖中 a 與 b 所示，有地震與火山作用，非洲的東非大斷谷正處於此時期。

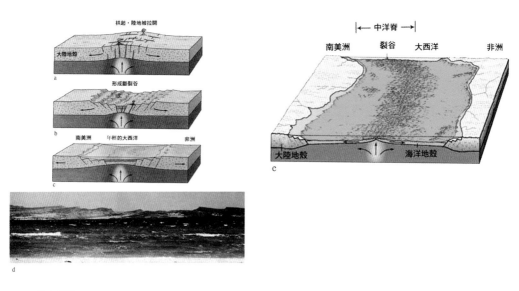

圖3.32 分離板塊邊緣的形成經過：(a) 大陸中間有熱源，陸地拱起裂開：(b) 形成裂谷、地塹與正斷層；(c) 新的海洋盆地成形，可看作一個年輕的大洋；(d) 紅海正處於 c 時期；(e) 南大西洋剖面，是一個成熟的大洋，在海洋盆地中間是中洋脊

圖片取自 Tom Garrison, Oceanography, Brooks/Cole

②此擴張作用若是繼續，斷層將加深，地殼破裂岩漿侵入，

擴張中心產生，造成海洋地殼，一個新的海洋盆地成形，這個時期可看作一個年輕的大洋，紅海正處於此時期，如圖中 c 與 d 所示。

③最終一個成熟的大洋形成，如大西洋（圖中 e 所示），其間的中大西洋脊（Mid-Atlantic Ridge），即大西洋的擴張中心，是分離板塊邊緣。當分離之板塊向擴張中心兩側推移時，上升之岩漿侵入地殼裂縫（fractures），隨即凝固，產生新的海洋地殼。

(2)聚合板塊邊緣：老的海洋地殼被削毀，造成大陸之山脈（如安地斯山）（圖3.33）或島弧（如日本）（圖 3.34）。

①在此板塊邊緣兩板塊相遇而擠壓，故稱聚合板塊邊緣。當海洋地殼與大陸地殼相撞時，海洋地殼因為較重，會沒入至大陸地殼下，直至地函被熔解消失，故此邊界又稱為隱沒帶（subduction）。

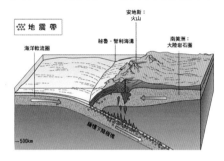

圖3.33 南美洲西岸是聚合板塊邊緣，因部分熔融作用，產生岩漿庫造成火山

圖片取自 Tom Garrison, Oceanography, Brooks/Cole

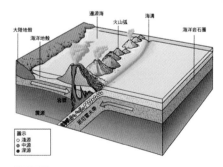

圖3.34 海溝伴隨著島弧，是聚合板塊邊緣特徵，也是主要的火山帶

圖片取自 Tom Garrison, Oceanography, Brooks/Cole

②板塊之隱沒及擠壓作用使沿著隱沒帶地震不斷發生，

這裡是主要的地震帶，此現象由班尼霍夫（Hugo Benioff, 1954）發現，故又稱班尼霍夫帶（Benioff Zone），並按震源的深淺分為淺源地震（0～70km）、中源地震（70～300km）與深源地震（300～700km）（圖3.35）。

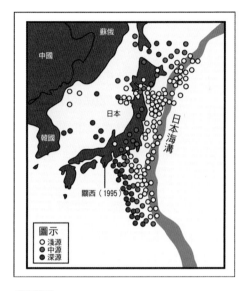

圖3.35 沿著隱沒帶是主要的地震帶，有淺源、中源與深源地震不斷發生

圖片取自 Tom Garrison, Oceanography, Brooks/Cole

③在海洋板塊隱沒到大陸板塊時強大擠壓力量，造成了表面很深的海溝，例如馬里亞那海溝深 11,022 公尺，是地表最深處。下沉之海洋地殼與一些沉積物被熔解構成岩漿，富含水與二氧化碳，因而降低了岩石的熔點，部分岩石熔解，稱為部分熔融作用（partial melting）。所產生岩漿升至地表造成火山，這些火山排成弧狀，故稱為島弧（island arcs），環太平洋的島弧與部分大陸，是地表主要火山帶稱為火環（fire ring），如安地斯山、聖海倫火山、爪哇附近的 Merapi 火山等。島弧主要為安山岩（Andesite rocks）構成，這種火成岩只在隱沒區上方發現。在大陸出現之火成岩多為花崗閃長岩（granodiorite），海洋地殼則多為玄武岩（basalt）。

④當前緣為大陸地殼
的兩板塊聚合時，
因密度相等，兩板塊
相持不下故彼此擠壓
推高並熔接一起，造
成高大的山嶺，如
喜馬拉雅山及阿爾
卑斯山等，喜馬拉
雅山的聖母峰（Everest，
埃佛勒斯峰）是世界最高
峰，高 8,882 公尺，該處
露頭多發現由淺海沉積物
岩化而成的沉積岩（圖
3.36）。

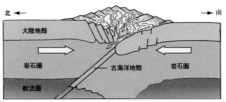

圖3.36 在喜馬拉雅山處，因兩個大陸板塊
互相推擠，造成高山

圖片取自 Tom Garrison, Oceanography,
Brooks/Cole

⑶存留板塊邊緣：

①板塊邊緣沿著轉形斷
層，地殼不增加亦不減
少（圖 3.37），故稱存留
板塊邊緣，或轉形板塊
邊緣，可見於加州的
聖安得里斯斷層（San
Andreas Fault）（圖
3.39）或中洋脊處之移
位（offsets，由於兩相
鄰之中洋脊以不同速
率擴張而錯位）（圖

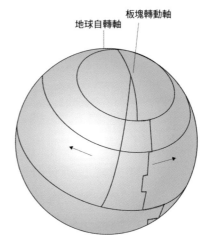

圖3.37 在轉形斷層處（圖中紅線
部分）為存留板塊邊緣，
兩板塊在此沿水平方向互
相移動，所以地殼不增減

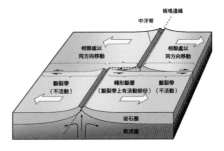

圖3.38 在兩洋脊間的轉形斷層部分是
存留板塊邊緣

圖片取自 Tom Garrison, Oceanography,
Brooks/Cole

3.38）。這兩種不同之轉形斷層又分別被稱之為大陸型轉形斷層及海洋型轉形斷層。

②板塊邊緣之相互移動之剪力作用造成轉形斷層，這裡沒有火山活動但有強烈的淺源地震，規模7.0地震曾在海洋型轉形斷層發現過，聖安得里斯斷層上的舊金山在1906年曾發生規模8.2的大地震。地震學家曾對聖安得里斯斷層有過詳細

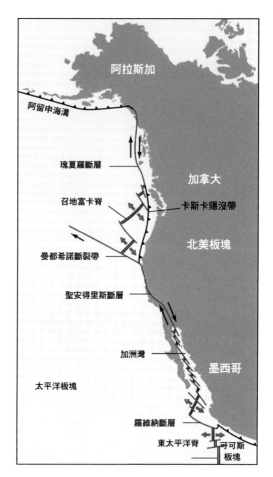

圖3.39 加州的聖安得里斯斷層有強烈的淺源地震，也是存留板塊邊緣

圖片取自Tom Garrison, Oceanography, Brooks/Cole

研究，太平洋板塊以每年相對於北美洲板塊5.5公分速率向西北方向移動，根據此速率推算，洛杉磯將於1850萬年後緊鄰於舊金山。

3. 威爾遜循環（Wilson Cycle）

板塊構造學說啟示了地球表面動態的特性。威爾遜根據板塊的活動作一總表，稱為威爾遜循環（圖 3.40）。一個新的海洋的形成，從在大陸中裂開，逐漸成形一個成熟的大洋，到它開始隱沒而至終消失，如同人生的幾個階段。

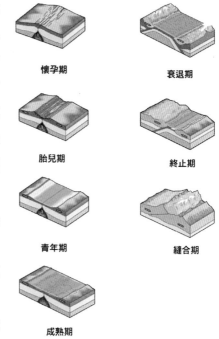

懷孕期　　　　　　衰退期

胎兒期　　　　　　終止期

青年期　　　　　　縫合期

成熟期

圖3.40 威爾遜循環，說明海洋盆地從形成到消滅的一個完整歷程

圖片取自 Tom Garrison, Oceanography, Brooks/Cole

(1)懷孕期：大陸中間有熱源，使陸地拱起並破裂，若熱源消失，則過程流產。

(2)胎兒期：熱源與張力繼續，形成裂谷、地塹與正斷層。如東非大斷谷，由坦桑尼亞湖、馬拉威湖、維多利亞湖等大湖構成。

(3)青年期：如形成裂谷後水平張力繼續，將產生海底擴張中心或洋脊（ocean ridge），紅海（Red Sea）為其例。

(4)成熟期：如擴張中心繼續，至終一個成熟的大洋成形，其兩側之大陸邊緣有很厚的沉積物。因新的海洋地殼在中洋脊形成時對稱分布於洋脊，所形成之大洋似乎對分（bisect）於中洋脊，如大西洋。

(5)衰退期：在大陸邊緣之海洋地殼逐漸變老，厚重的沉積物使

　　岩石圈變的不穩定，最後海洋板塊擠壓到大陸板塊下，海溝
　　與隱沒帶形成，如太平洋。

⑹終止期：如隱沒之速率大於海底擴張速率，海洋之面積會逐
　　漸變小，至終中洋脊也隱沒，如在北美洲西海岸、地中海。

⑺縫合期：在中洋脊隱沒後，大洋至終完全隱沒消失，只剩下
　　不能隱沒的大陸地殼，以致大陸與大陸相撞而造山，如喜馬
　　拉雅山，所留下結合的殘疤稱為縫合（suture）。

台灣之板塊構造環境

1. 台灣處在歐亞板塊和菲律賓板塊的邊界上，菲律賓板塊
　　以相對歐亞板塊每年 7〜8 公分的速度，向西北方向移動
　　（圖 3.41）。4、5 百萬年前，菲律賓板塊和台灣島相撞產生
　　蓬萊造山運動，菲律賓板塊被擠壓上升，碰撞使得陸源沉積物
　　不斷被抬升並變質，如同推土機的前緣越堆越高而成為增積岩
　　體，台灣上升的速率約為每年 5 公厘，因此可以想見幾百萬年
　　前台灣大部分仍在水面下。

2. 台灣島之上山脈的走向、大地的構造、地質岩性的分布、過去
　　的火山活動、地震之頻頻發生與活動斷層的分布等均與台灣板
　　塊構造的環境有關。

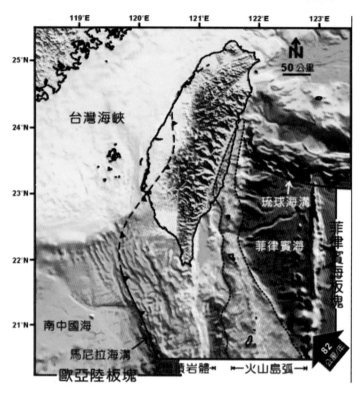

圖3.41 台灣的板塊構造環境

圖片取自http://content.edu.tw/senior/earth/tp_ml/plate/plm.file/pltaiwan01.htm

1. 何謂大陸漂移說？請列舉五個證據證明此學說。

2. 何謂海底擴張說？請列舉五個證據證明此學說。

3. 何謂板塊構造學說？請列舉三個證據證明此學說。

4. 板塊構造學說與大陸漂移說及海底擴張說有何關係？

5. 板塊之邊界有那些？各由何種作用力造成？各有何特性？

6. 何謂絕對定年？何謂相對定年？

7. 何謂熱點？它如何能說明板塊移動的方向與速率？

8. 何謂隱沒帶？它如何形成？它造成什麼地質現象？

9. 古地磁的研究對本章各種學說的建立有何幫助？

10. 請解釋威爾遜循環。

11. 請說明台灣的板塊構造環境。

Chapter 4

地震

⚡前言

　　地震是岩石圈內因應力而變形，因而累聚能量，當這極大的能量在瞬間釋放出來時，便造成地震。大多數地震均發生於板塊邊緣，說明地表動態之特性。地震常造成很大傷亡與財物之損失，其影響可說是超過其他任何天然災害，每年全球有超過 15 萬次之地震被記錄於地震儀上。表 4.1 為歷史上曾發生過之主要地震事件。

⚡基本理論

1.　地震的原因可用彈性回跳理論（Elastic-Rebound Theory）來解釋，它把地球當作一個彈性物體，當彈形體受到應力，好比彎折一彈性物體如橡皮擦，彈形體便逐漸變形，當彈性體被彎折到某一定程度不能再抵抗壓力時勢必造成瞬間的破裂（rupture），並以震波方式釋放出能量，這個彈性回跳理論被廣泛應用解釋地震的成因。地震主要發生在斷層面上，如聖安德里斯斷層（San Andres Fault）。當應力作用於斷層面上時它會逐漸累積變形（strain），最終這變形被釋放造成斷層（圖 4.1），使斷層兩側相對滑動。地震發生處稱為震源（focus），震源投影於地表處稱為震央（epicenter）（圖 4.2）。

2.　地震之分布：如圖 4.3 所示，地震之分布多沿著板塊的邊緣

表4.1 20 世紀以來主要地震

年	地點	規模	死亡	損失
1906	美國：舊金山	8.3	700	超過2千5百萬美金
1906	厄瓜多爾	8.9	1000	未知
1908	義大利	7.5	58.000	超過2千5百萬美金
1920	中國：甘肅	8.5	200.000	超過2千5百萬美金
1923	日本：東京	8.3	143.000	2億8千萬美金
1933	日本	8.9	3000+	超過2千5百萬美金
1939	智利	8.3	28.000	1億美元
1939	土耳其	7.9	30.000	超過2千5百萬美金
1960	智利	8.5	5700	6億7千5百萬美金
1964	阿拉斯加	8.4	115	5億4千萬美金
1967	委內瑞拉	7.5	1100	超過1千400萬美金
1970	祕魯	7.8	66.800	2億5千萬美金
1971	美國：舊金山	6.4	60	5億美金
1972	尼加拉瓜	6.2	5000	8億美金
1976	瓜地馬拉	7.5	23.000	11億美金
1976	義大利東北	6.5	1000	80億美金
1976	中國：唐山	8.0	250.000	超過2千5百萬美金
1978	伊朗	7.4	20.000	未知
1983	日本：本州島	7.8	104	4億1千6百萬美金
1983	土耳其	6.9	2700	超過2千5百萬美金
1985	智利	7.8	177	18億美金
1985	墨西哥東南	8.1	5600+	5百萬-2千5百萬美金
1988	阿富汗	6.8	25.000	未知
1989	美國：加州	7.1	63	5億6千萬-7億1千萬美金
1990	依朗	6.4	40.000+	超過7百萬美金
1992	美國：舊金山	7.4	1	超過1億美金
1994	美國	6.8	57	130億-200億美金
1995	日本：神戶	7.2	5200+	950億-1兆4億美金
1997	伊朗	7.5	1560	未知
1998	阿富汗	6.9	4000	未知
1998	巴布新幾內亞	7.1	2183	未知
1999	土耳其：Izmit	7.4	15.657	30億-6億5千萬美金
1999	台灣	7.1	2.415	140億美金
2001	印度西北	7.7	20.000	超過4億50萬美金
2001	薩爾瓦多外海	6.6,7.6	1160	2億8千萬美金
2001	印度	7.7	20.023	未知
2002	印度近阿富汗	6.1	1.000	未知
2003	伊朗東南	6.6	26.200	未知
2004	北蘇門達臘西外海,印尼	9.0	283.106	未知
2004	印度外海：爪哇	9.0	未知	未知
2005	北蘇門達臘,印尼	8.7	1.313	未知
2005	巴基斯坦北部克什米爾	7.6	80.361	未知
2006	印尼	6.3	5.749	未知

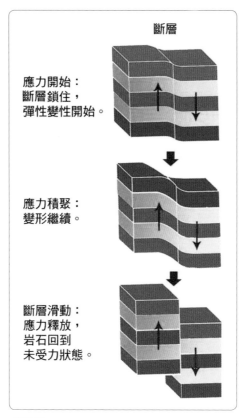

斷層

應力開始：
斷層鎖住，
彈性變性開始。

應力積聚：
變形繼續。

斷層滑動：
應力釋放，
岩石回到
未受力狀態。

圖4.1 地震的原因可用彈性回跳理論來解釋

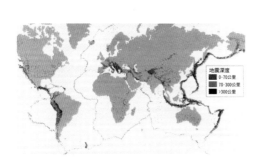

地震深度
0-70公里
70-300公里
>300公里

圖4.2 地震主要發生在斷層面上，它發生
的位置稱為震源，震源投影於地表
位置稱為震央

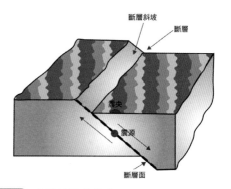

斷層斜坡
斷層
震央
震源
斷層面

圖4.3 全球地震之分布
圖片取自 Tom Garrison, Oceanography, Brooks/
Cole Thomson Learning 4th Ed.

（僅少數例外），深源地震（震源深度大於 300 公里者）均發生於班尼霍夫帶（即隱沒帶），顯示板塊硬與脆（rigid and brittle）之特性，一直到軟流圈為止。

⚡地震波與地震的結構

1. 地震波的基本原理

⑴當地震發生時，在瞬間釋放的能量是以地震波之形式從震源放出。

⑵地震波可沿地表傳播，稱為表面波（surface waves），或穿越地球深處稱為實體波（body waves）。表面波有雷利波（Rayleigh waves）與拉夫波（Love waves）兩種，實體波有 P 波與 S 波兩種（圖 4.4），但表面波比較不常見。

⑶P 波之分子震動方向與波進行方向一致，S 波之分子震動方向垂直於波進行方向。

⑷P 波傳播速度較 S 波快，約為 S 波的 1.7 倍。故地震發生時 P 波先傳到，因 P 波是縱波，故建築物首先上下震動，接著 S 波才傳到使建築物左右晃動，此外 S 波比 P 波能量強，故大部分建築物多毀於 S 波。

⑸P 波能穿越固體及液體，S 波不能穿越液體，故不

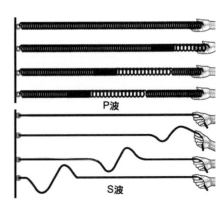

圖4.4 地震波的實體波有 P 波（如彈簧波）與 S 波（如繩波）兩種

能穿越地球的外核部分。

2. 震央之定位（Locating the Epicenter）

震央的所在可由地震紀錄之 P 波與 S 波到達時間求得（圖 4.5）。因 P 波與 S 波的速度為已知，震央到地震測站的時間為其間距離除以震波速度，故可由 P 波與 S 波到達測站的時間差計算距離。若由幾個測站分別計算各個震央到測站距離，則震央將會位於以觀測站為圓心，以計算得的距離為半徑的半圓上，數圓之交會點便是震央位置（圖4.6）。這個決定震央的方法稱為地震的定位。

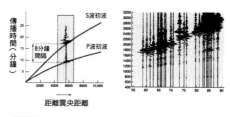

圖4.5

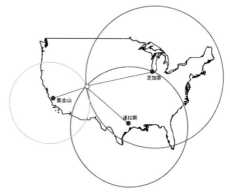

圖4.6 地震震央之定位

圖片取自 Carla W. Montgomery and Edgar W. Spence, Natural Environment, McGraw Hill Custom Publishing

3. 地震機制（Earthquake Mechanism；地震斷層面解）

要知道地球內部的構造或地震本身的結構，地震波提供了最完整的資料。我們已說過地震波是因斷層的破裂產生的，我們也討論過應力之不同，造成正斷層、逆斷層或平移斷層。這個斷層面所受到的應力形式，對了解板塊構造運動非常重要，因此本節我們要來看，如何由地震波的特性反求斷層面結構，這就是地震機制，或稱地震斷層面解（Fault Plane Solution）。

當地震波被地震儀記錄下來時，初達波（First Arrival）的波形線條的方向有兩種可能性，我們稱為初動：一種是遠離震源的方向，即初動向上；另一種則是指向震源的方向，即初動向下。

初動的向上或向下，代表著在震波發生的瞬間它受到的應力是推力（Compression）或拉力（Dilation），至於地震儀受到的力量是推力還是拉力，與地震測站與震源之間的相對位置有關。

我們如果收集夠多測站資料，包含所有地震波傳播的方位，我們就能正確的解出斷層面所受到的應力。

圖 4.7 為地震斷層面解的一個實例，圖 (a) 顯示一個正斷層，它因為受到了兩邊的張力，使得上盤向下陷落，地震因而發生。

因為作地震斷層面解時會有兩種不同的可能性，因此在斷層面上通過震源，我們作出一個垂直於斷層面的

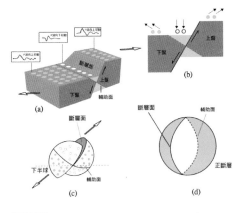

圖4.7 地震斷層面解（說明見本文）

輔助面，我們所得的解將會是斷層面或輔助面中之一個。在地表上我們將看見三個區域（圖 (b)）。在斷層面與輔助面間的中間區域會受到拉力，地震儀上的紀錄初動是下動（記以空心圈）。其他兩個區域上的測站則因為受到遠離震源方向的力量，因此受到的是推力，地震儀上的紀錄初動是上動（記以實心圈）。

根據上述理論，如果我們有足夠的測站紀錄，根據各個測站初達波的上動或下動，將這些資料記在一個假想球面的投影圖（圖 (d)）上，很仔細的找出上動測站與下動測站的分界（實心圈與空心圈的分界線），就可以知道輔助面與斷層面了（圖 (c)），

但是如何確定是輔助面或斷層面的那一個，則還需要其他資料的幫助。

由此可推斷地震在斷層面上的活動，是正斷層、逆斷層、或平移斷層，它們在這個假想球面的投影圖各如圖 4.8 中所示，這種地震斷層面解的方法對了解地震本身的結構與板塊的運動非常有幫助。

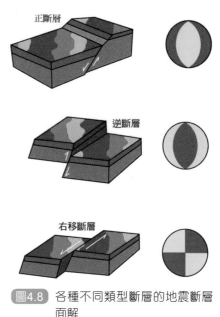

圖4.8 各種不同類型斷層的地震斷層面解

4. 地震規模與強度

(1)地震紀錄（seismogram）：地震紀錄由地震儀（seismometer）記錄而得。地震儀的構造很簡單，圖 4.9 為兩個簡易的地震儀構造，(a) 圖為一單擺，記錄震波在水平方向的震動；(b) 圖為一彈簧，記錄震波在垂直方向的震動，震動能量越大，其擺動幅度亦越大。因震波傳播方向為三度空間，故每個地震測站需要二個水平地震儀、一個垂直地震儀，才能掌握完整資料；此外為了方便資料的傳送與計算，地震紀錄資料都已數值化，存於磁碟中。

(2)地震規模（Earthquake Magnitude）：地震能量之大小，以地震規模來表示，其中尤以芮氏地震規模（Richter Magnitude Scale）最被廣泛常用，芮氏規模（M）定義如下：

$$M = \log (A/A_0) = \log A - \log A_0 \ldots\ldots\ldots （4.1式）$$

A 是距離震央 100 公里處地震紀錄之最大振幅，A_0 是地震紀錄在同一測站在 M = 0 時之振幅以為校正。上述規模的公式是取振幅的對數值，故兩地震規模差為 1，振幅差 10 倍。例如規模 4 為規模 3 振幅的 10 倍，但能量與規模關係還要大些，約為 30 倍，故一個 M = 7 之地震所釋放能量約為 M = 6 地震的 30 倍，同理一個 M = 6 之地震所釋放能量約為 M = 5 地震的 30 倍。規模越大的地震每年發生的次數越少，表 4.2 列出各個不同規模的地震每年發生次數與它們之間能量的關係。

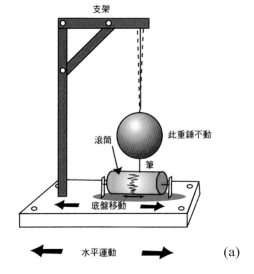

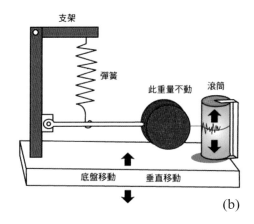

圖4.9 地震儀構造：(a) 圖為水平地震儀，(b) 圖為垂直地震儀

表4.2 各種不同地震規模發生頻率

形容	規模	每年次數	大約釋放能量（爾格）
極大	8以上	1至2	超過5.8×10^{23}
大	7-7.9	18	$2-42 \times 10^{22}$
強	6-6.9	120	$8-150 \times 10^{20}$
適中	5-5.9	800	$3-55 \times 10^{19}$
輕	4-4.9	6200	$1-20 \times 10^{18}$
微	3-3.9	49000	$4-72 \times 10^{16}$
極輕微	<3	〔規模. 2-3約1000/每日〕 〔規模. 1-2約1000/每日〕	小於4×10^{16}

(3)地震震度（Earthquake Intensity）：震度是地震在某處所給予人與地表建築破壞情形的量度，國際間是以修正麥卡里震度階（Modified Mercalli Scale）表示，共分十二級。我國仿照日本採七級制，表 4.3 為中央氣象局所定之震度分級。震度之大小由規模、震央之遠近、區域地質情形與建築結構好壞因素所決定。震度之測量不如地震規模嚴格，並因個別觀測者之主觀經驗而略有所不同。

⚡地震災害與預防

地震造成的災害及所帶來的破壞是非常具有毀滅性的。地震所造成的災害有四種。

1. 地面振動（Ground Motion）

地面振動是由地震波所造成，它可以使建築物受到損害或完全摧毀建築物（圖 4.10）。現代新的建築物雖都經過適當的防震設計，可以預防輕微的震動，但是當強烈地震發生時，即使最好

表4.3 中央氣象局之震度分級

中央氣象局震度（級）	名 稱	加速度（cm/sec²）	說　　　　明
0	無感	＜0.8	地震儀有紀錄，人體無感覺。
I	微震	0.8～2.5	人靜止時，或對地震敏感者可感到。
II	輕震	2.5～8.0	門窗搖動，一般人均可感到。
III	弱震	8.0～25.0	房屋搖動，門窗格格有聲，懸物搖擺，盛水動盪。
IV	中震	25.0～80	房屋搖動甚烈，不穩物傾側，盛水達容器八分滿者濺出。
V	強震	80～250	牆壁龜裂，牌坊、煙囪傾倒。
VI	烈震	＞250	房屋傾塌，山崩地裂，地層斷陷。

設計的建築物都可能遭受破壞。此
外台灣有些城市建築在盆地上，例如
台北市，盆地的上方都是很鬆的表土
層，震波經過此層有放大作用，加上
封閉的盆地使得震波來回震盪，倘若
地震之震央接近這些城市，震波造成
的破壞是相當大的。

圖4.10 集集大地震時埔里鎮許
多建築物受到相當損害

2. 地表之變動

(1)地形變動：地形變動包括山崩
和地滑現象。在較陡峭的區
域，地震振動會導致表土滑
動、懸崖崩落以及引發其他塊
體急速的向下滑落；常言道
「走山」或「地牛」等都是
說到這種地形變動的現象，
圖 4.11 為「九二一」地震時草
屯一處地形變動。

圖4.11 地形變動是地震造成的
破壞之一

(2)斷層：岩層受到擠壓，根據岩
性之不同有的會變形褶曲，有
的會錯動破裂，若斷層使地面
破裂，則凡是建築在斷層上的
任何建築物、道路、橋樑等，

圖4.12 在斷層上的任何建築都
會受到破壞

無論是多麼堅固，都會被斷層錯開（圖 4.12）。台灣目前仍
有許多活斷層，因此建購房屋時，要注意是否坐落在斷層帶
附近。

(3)土壤液化：地震發生時若建築物離河灘、舊河道、湖邊或其他水邊的填土不遠，因岩層的破裂可能有一些水被釋出，或當一疏鬆且地下水位偏高飽和砂質土壤受到短暫的反覆作用力，使土壤中孔隙水壓極速上升，因而降低了土壤的剪力強度並使土壤呈現液化，此時建築物的地

圖4.13 1964 年日本的 Niigata 的建築物在地震中因土壤液化而倒塌情形，注意建築物本身的完整無損

圖片取自 Carla W. Montgomery and Edgar W. Spencer, Natural Environment, McGraw Hill Custom Publishing

基部分土壤已經無法承受其上建築物壓力，有些結構物會發生不均勻下陷，有些建築物、道路、橋樑則完全倒塌破壞。如圖 4.13 中所見，中間一排建築完全倒塌但建築物本身卻完整無損，可見是毀於土壤液化而非震波本身。

3. 火災

　　火災是較次要的災害，但是有時危害的程度反而大於地面震動。地表的強烈振動使瓦斯爐移位、使瓦斯管斷裂、使電線鬆動走火，加上人為的過失如有些人忘記關火等，都會引起火災，而多處水管破裂，使得無水可以滅火，造成火勢

圖4.14 1906 年美國的舊金山大地震，城市幾乎完全毀於火災

越發猛烈。1906 年美國的舊金山地震以及 1923 年日本的關東地震，幾乎都摧毀了整個城市（圖 4.14），而超過 90% 建築物的損

毀是由火災所引起的。

4. 海嘯

(1)起因：大部分海嘯是由海
底斷層運動造成（淺源地
震且地震規模大時），當
海床沿斷層面以上產生急
速垂直位移而推動斷層面
以上海水，造成波浪，稱
為海嘯（圖 4.15）。一般
在大洋中，海嘯浪高約 30
～60 公分，因此航行中之
船舶察覺不到海嘯。但是

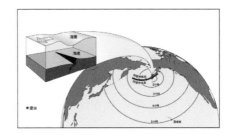

圖4.15 海嘯是由海底斷層運動造成，
圖為阿留申群島處發生海嘯的
一次模擬

圖片取自 Tom Garrison, Oceanography,
Brooks/Cole Thomson
Learning 4th Ed.

當海嘯接近海岸時，受到海岸及海底地形的影響，其速度減
緩，但波高急速堆高，有的甚至超過三、四十公尺高，造成
沿岸地區港口設備及建築物嚴重的破壞及生命財產的損失。

(2)海嘯傳播：波浪在海水中的傳播是遵循著一個基本的物理公
式

$$v^2 = (g/k) \tanh (kh)\ \cdots\cdots\cdots\cdots\cdots\cdots\cdots（4.2式）$$

k 稱為波常數，g 是重力常數，h 是水深。當水深甚淺時此
公式可以簡化如下：

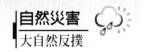

因 h～0，tanh (kh) = kh

→v² = gh

→v = 3.1 $\sqrt{h}$ ....（4.3 式）

（4.3 式）是淺水波的波速，淺水波的定義是當水深小於 1/20 波長時。

上述淺水波的定義正符合海嘯之傳播，因海嘯的波長為幾百公里，大洋的平均深度約為 4～5 公里，例如太平洋的平均水深為 4,600 公尺，故大洋的水深遠小於海嘯波長。將有關參數代入（4.3 式），我們會發現海嘯的傳播非常快速，相當於噴射客機速度。例如計算太平洋海嘯的傳播速度為每秒 212 公尺或時速 763 公里。

a. 2.5小時後

b. 5小時後

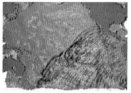
c. 12.5小時後

d. 17.5小時後

e. 22.5小時後

圖4.16 電腦程式模擬 1960 年智利海嘯繪圖，其海嘯甚至傳至日本造成破壞，死亡兩百餘人

圖 4.16 為電腦程式模擬 1960 年智利海嘯繪圖，其海嘯在不到 24 小時內已從智利傳至日本，造成極大破壞，死亡兩百餘人。

⑶如何防備海嘯：當海嘯發生後，因在大洋中其波高只有幾十

公分高，加上其長週期特性故很難被人察覺。但當其接近海岸瞬間堆積浪高達幾公尺至幾十公尺高，已經來不及預防（圖 4.17），故各國都很重視警報系統，並預擬緊急逃難路線。太平洋已設立警報系統（夏威夷為其中心），印度洋正設置中。海嘯警報系統的設立，是藉著一些浮標的設置，它置於深海中可以偵測每一層水位的變化（圖 4.18），故每當海域有大地震發生時，肉眼不能察覺的海水變動，浮標可偵測並立即傳回警報中心，以決定是否發布海嘯警報。

圖4.17 1960 年智利發生海嘯，14 個小時後傳至夏威夷，造成 61 人死亡

圖4.18 藉著一些浮標的設置，可以偵測深海中每一層水位的變化，而適時發布海嘯警報

在國內海嘯警報由中央氣象局擔負主要責任，除密切監視台灣附近海域之地震活動外，並與位於夏威夷的太平洋海嘯觀測中心連線，若收到海嘯警報，將連絡相關單位，並透過媒體向民眾發布。因海嘯警報大都在發生前幾小時發布，故一旦收到警報通知，要趕緊接受指示疏散（附註：颱風警報於 24 小時前發布，海嘯警報於幾小時前發布，洪水警報於 6 小時前發布，龍捲風警報於 30 分鐘前發布，土石流警報隨時發布）。

另外當海嘯抵達海岸時，海水常會先急遽後退而露出乾地，

這是因為海嘯之波谷常先於波峰達到，此時不可掉以輕心，因不久具有毀滅性的波峰即將來到。

地震預測

1. 地震空白（Seismic gaps）

在斷層帶上安靜或較少活動處稱為地震空白，這意味著斷層的能量被鎖住（圖 4.19）。為何在同一地震帶上有些地方能量容易釋放，有些則被鎖住呢？這可能與岩石的性質有關：一個韌性（ductile）較高物質在遇到應力時，容易抵抗應力產生變形，一個脆性（brittle）較高物質在受到應力時，容易破裂以釋放應力。在地震空白處，最可能是下次大地震發生地點。例如在聖安得里斯斷層上之加州灣區地帶地震

圖4.19 圖中咖啡色處為斷層帶上的地震空白，是斷層帶上較為安靜處，有可能發生大地震所在

圖片取自 Carla W. Montgomery and Edgar W. Spencer, Natural Environment, McGraw Hill Custom Publishing

較少，該地在 1906 年曾發生規模 8.2 級舊金山大地震，以太平洋板塊以每年 5.5 公分速率相對於北美板塊向西北移動，從 1906 年

起至今，斷層帶附近可能已積聚相當大的能量。雖然 1989 年曾發生 Loma Prieta 規模 7.1 級地震，地震學家認為大部分的能量仍未完全釋出，故預期會有大地震發生。

2. 地震前兆與預測

很多地震學家都致力於地震預測研究，但尚無明顯的突破發展，下列一些現象是大地震發生前常發生的一些徵兆：

(1)前震（Foreshocks）：當岩石受擠壓而開始破裂之前常產生一些小的裂開面，故當一些較小的前震發生時，可能是主震徵兆。

(2)地面拱起或傾斜：因受到應力地表也可能會拱起或傾斜。

(3)異常之電磁現象（如強光）或高地電阻：岩石可能發生一些物理性質的變化，有人看見地震前天空有強烈的光，岩石的電阻也改變。

(4)井水水位產生變化：井水突然乾枯或水位升高可能是地下岩石破裂。

(5)氡氣體（Radon）增加：氡是一種具放射性氣體，地下岩層破裂釋放出大量氡氣體，井水中會顯示異常高的氡氣含量。

(6)異常的動物行為：地震可能引發一些高頻的波或地電流變化，動物能感受得到，例如馬、狗等煩躁不安，成群的海鳥往陸上飛，蛇、鼠、蚯蚓等從洞穴中爬出等現象均時有所聞。

(7)V_p/V_s 比值改變：地震學家近年來非常重視 V_p/V_s 值預測地震理論。在地震將發生前，在震源附近產生許多微小裂隙使孔隙體積增加，觀測 V_p 與 V_s 值發現，在地震發生前 V_p/V_s 值降低長達三個月，在地震發生時歸於正常。這是因為在

地震前孔隙裂縫充滿了水，故 V_p 降低，地震後孔隙裂縫閉合，在密閉壓力下 V_p 傳播又恢復正常（圖 4.20）。

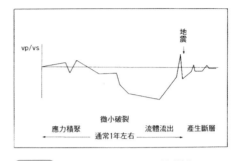

圖4.20 地震發生前後 V_p/V_s 值變化

1975 年中國以準確的預測海青市（Haicheng）地震，並有效的勸導全城 20 萬居民疏散自誇，但很諷刺的是，隔年唐山大地震中國卻未能預測它的發生，造成全城俱毀 25 萬人喪生。可見關於地震預測，無人敢自誇權威。

3. 地震週期之觀念

許多大地震之紀錄顯示，地震可能具有週期性，並且其週期略成規律間隔，這可解釋為地震週期（earthquake cycle），即地震發生前會有一安靜期，此時斷層附近持續累聚的應力（應變）直到地震發生為止，然後進入下一個週期（圖 4.21）。

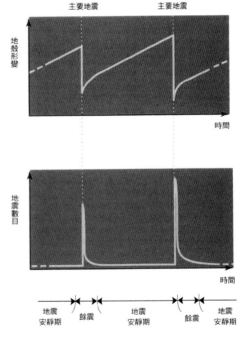

圖4.21 許多人地震的紀錄顯示，地震具有安靜期、主震、餘震模式的規律性

圖片取自 Carla W. Montgomery and Edgar W. Spencer, Natural Environment, McGraw Hill Custom Publishing

⚡地震控制

　　我們能控制地震嗎？答案是：不可能。科學家曾嘗試用「液體灌入法」（Fluid Injection）在斷層帶附近能量鎖住區灌水以釋放應變，例如圖 4.22 丹佛市發生的一些小地震數量，與在附近洛磯山山區 Arsenal 市灌入廢水兩者呈相關性。如果累聚的應變可以藉一些小地震釋放出來，倒不失為控制地震的好方法；但問題是這個方法並不保證只會釋放為小地震，也可能灌入液體正好觸發大地震發生，則所牽涉法律責任的歸屬問題，將不是科學所可以解決的。

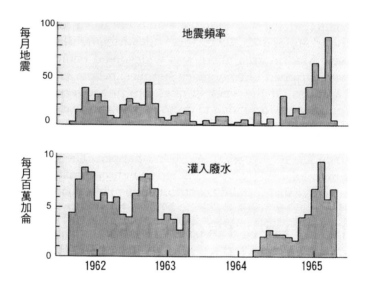

圖4.22 丹佛市發生的一些小地震數量，與在附近洛磯山山區 Arsenal 市灌入廢水兩者呈相關性

圖片取自 Carla W. Montgomery and Edgar W. Spencer, Natural Environment, McGraw Hill Custom Publishing

⚡美國與台灣地震帶之分布

1. 美國地震之分布

美國常發生地震所在分布於下列四個區域（圖 4.23）：

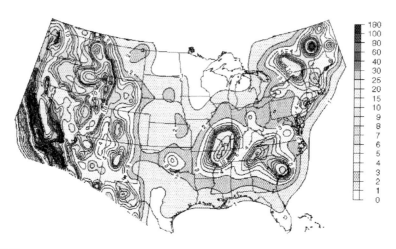

圖4.23 美國地震風險圖，圖右刻度是由重力換算之最大加速度值

圖片取自 Carla W. Montgomery and Edgar W. Spencer, Natural Environment, McGraw Hill Custom Publishing

⑴阿拉斯加（Alaska）南部：在阿留申群島弧附近的隱沒帶，1964 年曾發生 M=8.4 地震並造成海嘯。

⑵加州，沿聖安得里斯斷層：前文已詳述，沿斷層帶上曾發生 1906 舊金山大地震 M=8.3，1989 Loma Prieta 地震 M=7.1，1994 Northridge 地震 M=6.8。

⑶密蘇里州新德里市（New Madrid, Missouri），1811～1812 年曾發生三次規模大於 8.0 的大地震，可能由一古裂谷（a failed rift system）造成（圖 4.24）。

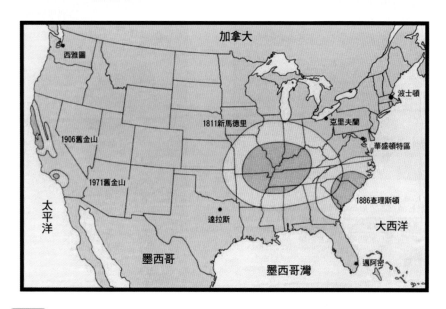

圖4.24 美國密蘇里州新德里市深居內陸,但在 1811 年曾發生大地震,南卡羅來納州查理斯敦市於 1886 年也發生大地震,兩處都是地震的高風險區

圖片取自Carla W. Montgomery and Edgar W. Spencer, Natural Environment, McGraw Hill Custom Publishing

⑷南卡羅來納州查理斯敦市（Charleston South Carolina）,1886 年大地震,可能也是古裂谷造成（圖 4.25）。

圖4.25 查理斯敦市幾乎全毀於 1886 年的大地震

圖片取自Carla W. Montgomery and Edgar W. Spencer, Natural Environment, McGraw Hill Custom Publishing

2. 台灣地震帶之分布

台灣常發生地震所在分布於下列三個區域（圖 4.26）,可由地震震源的分布看出（圖 4.27）。

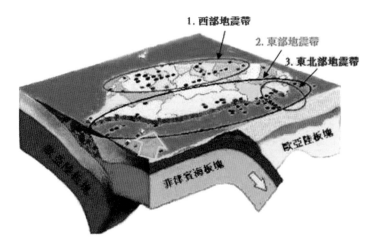

圖4.26 台灣的地震主要發生在西部地震帶、東部地震帶及東北部地震帶

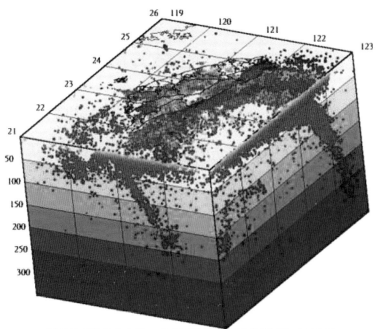

圖4.27 中洋氣象局公布，台灣地區自 1990～2000 年規模大於 3.0 的地震震源資料

⑴西部地震帶：自台北南方經台中、嘉義而至台南。寬度約 80 公里，大致與島軸平行。西部地震帶的地震次數較少，但因震源淺，並位於許多活斷層上，且震央接近台灣主要人口分部區域，故每次地震傷亡都很嚴重，如白河地震、集集地震等。

⑵東部地震帶：北起宜蘭東北海底，經過花蓮、台東，一直至呂宋島。此帶成近似弧形朝向太平洋，亦和台灣本島相平行，寬約 130 公里。這是由歐亞板塊隱沒到菲律賓板塊所造成的淺、中源地震，地震次數較西部地震帶多，震源多半也較深，而且多發生在外海，故危害程度也較西部小。

⑶東北部地震帶：自琉球群島向西南延伸，至宜蘭附近，屬淺層震源活動帶，由菲律賓板塊隱沒到歐亞板塊下所造成，地震發生次數也較西部地震帶多。

⚡地震災害的應變

地震災害應如何應變，可就地震前、地震中、地震後分別討論之。這裡我們只列出大原則為參考，不列出細節。

1. 地震前

要注意平時防範，使地震發生時的損害減為最小，災難前的預備大致可從幾個方向來作：

⑴認識地震（須作大眾教育）。

⑵認識斷層帶（須作大眾教育）。

⑶檢查建築物結構的穩固性。

⑷檢查災變時緊急逃生路線。

⑸檢查災變時緊急救難人員及連絡方式。

2. 地震中

此時的重點是地震發生時正確的對策：

⑴保持鎮靜切勿驚慌，在災變時的第一時間作正確的反應，是生死攸關的事，故務必鎮靜。

⑵保護自己，可參考紅十字會地震守則的「跳下、遮蓋、抓穩！」（DROP, COVER, AND HOLD ON）原則。

⑶遠離一切危險事物。

⑷關掉瓦斯及火源。

3. 地震後

地震後該注意的事項：

⑴檢查有無人員的傷亡，準備救急。

⑵檢查有無財產的損失，並作處置。

⑶檢查建築物的損壞情形，並作處置。

⑷若在災區現場應立即幫助受難者。

⑸收看電視及廣播了解災難情形，以提供援助。

⑹小心餘震，勿留於受損建築內。

1. 請用彈性回跳理論解釋地震成因。

2. 地震波的實體波有那些？彼此間有何不同？

3. 何謂震源與震央，為何深源地震只與隱沒帶有關？

4. 請解釋震央的定位方法。

5. 請解釋地震機制。

6. 請解釋地震規模與強度。

7. 地震之危害有那 4 種？請解釋。

8. 海嘯如何產生？如何防備海嘯？

9. 請解釋地震空白。

10. 請舉出 3 種地震預測方法。

11. 當遇到地震發生時，應如何應變。

Chapter 5

火山

⚡前言

火山（volcano）通常是錐狀外形，由熔岩流、岩石碎屑與火山灰堆積而成。約 95% 的活火山發生於隱沒帶與中洋脊處，其餘 5% 的火山活動與岩石圈之熱點有關。火山噴發是地表地質現象中最壯觀景象，如圖 5.1 中聖海倫火山噴發一景；火山噴發也造成毀滅性的破壞，如龐貝古城瞬間被毀滅（圖 5.2）。

圖5.1 1980 年聖海倫火山（Mount St. Helens）噴發

火山的災害是可怕的，常造成重大的傷亡，例如 1980 年 5 月美國華盛頓州的聖海倫火山噴發，死亡 57 人，死者中有一些是當時正在觀測的火山學家；1985 年 11 月哥倫比亞的 Nevado del Ruiz 火山噴發，死亡 23,000 ～25,000 人；1991 年 6 月菲律賓的 Pinatubo 火山噴發，死亡 300 人。

圖5.2 義大利的龐貝（Pompeii），公元 79 年維蘇威火山（Vesuvius）噴發，火山灰將城完全覆蓋。圖中所見龐貝城古競技場，雖被火山灰覆蓋近二千年，仍保持的很完整

火山噴發除了造成局部的破壞，它也造成對全球的影響，例

如 1991 年菲律賓 Pinatubo 火山的噴發，曾使該年全球平均溫度
降低華氏 1°。火山的危險與否決定於其噴發的方式，或者可說決
定於火山岩漿的種類及岩漿生成時的物理環境。與火山有關的項
目，例如火山噴發的物質、火山噴發的形態、火山地形與火山有
關災害等等，都是本章的重點，將在文中一一敘述。

⚡火山的噴發物質

1. 岩漿的來源與種類

　　岩漿的種類可分為：矽鋁質（Felsic）、中性（Intermediate）
及鐵鎂質（mafic）。

　　在第二章中我們曾提
及矽（silicon, Si）與氧
（O_2）構成地殼大約四
分之三的物質，在造岩礦
物中矽與氧佔大多數，是
地殼中最豐富元素，因此
地質學家以岩石中二氧化
矽（Silica, SiO_2）的含量
將火成岩或岩漿區分為三
類。一般而言矽質豐富岩

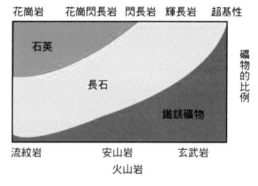

圖5.3 岩石（或岩漿）的分類
圖片取自 Carla W. Montgomery and Edgar
W. Spencer, Natural Environment,
McGraw Hill Custom Publishing

漿（岩石）含鐵質（Fe）或鎂質（Mg）極少，反之亦然。二氧化
矽即石英（SiO_2, Silica），它的特點是黏滯性很高，在建材中常被
使用，例如常被用作黏膠修補木器、浴室或屋頂之裂縫。上述岩
漿（岩石）的種類與二氧化矽關係見於表 5.1 也可見於圖 5.3 中。

表5.1 岩石或岩漿的分類

SiO_2 含量	岩石種類	實例
> 66%	酸性或矽鋁質	花崗岩、流紋岩
52-66%	中性	安山岩
45－52%	基性或鐵鎂質	玄武岩
< 45%	超基性	橄欖岩

2. 火山噴發形態

(1)爆裂式噴發（Explosive Eruption）：岩漿為矽鋁質，因多二氧化矽黏滯性高，含溶解的水，容易捕捉氣體，故極不穩定，造成爆裂式的噴發威力驚人，如圖 5.1 所示的聖海倫火山的噴發，所造成岩石多為安山岩與流紋岩等類。

(2)寧靜式噴發（Quiet Eruption）：含矽質少的基性（mafic）或超基性岩漿，含二氧化矽少，黏滯性低，流動容

圖5.4 1997 年 2 月 24 日夏威夷的 Kilauea 火山噴發岩漿之流動

易，氣體容易逸散，比較不具危險性，如夏威夷火山噴發（圖 5.4），所造成岩石多為玄武岩系列。

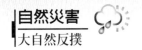
3. 火山噴發的物質

火山噴發物可分為液體、氣體和固體三種。

(1)液體：液態的熔岩是火山噴發的基本物質，熔岩的化學成分根據其中二氧化矽的多寡可以分為酸性、中性和基性，如前所述。

(2)氣體：火山噴發時有大量氣體噴發，其中 50%～70% 是水蒸氣，其他較多的氣體為二氧化碳（CO_2）、氮氣（N_2）、硫（S）等。

(3)固體：火山噴發時大量的固體噴發物稱為火山碎屑，來源是已固結的熔岩或其他火山圍岩的碎塊。火山碎屑的大小和形狀不一，最小的是火山塵（直徑小於 0.25 mm）、火山灰（0.25～4 mm），再大的有火山礫（4～32 mm）、火山塊

圖5.5 火山彈

（>32 mm）及火山彈（Volcanic Bomb；>32 mm，兩端呈尖形）（圖 5.5）等。

⚡火山的分布

火山分布（圖 5.6）於下列三種板塊邊緣：1.分離板塊邊緣；2.聚合板塊邊緣（隱沒帶）；3.熱點（Hot Spots）

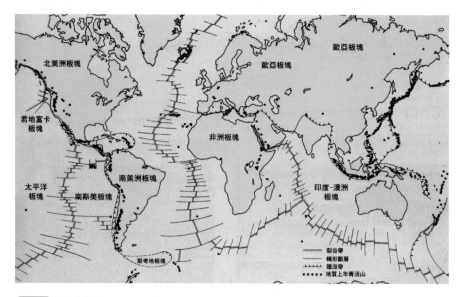

1. 分離板塊邊緣

中洋脊處由玄武岩質岩漿流出，造成新生的海洋地殼並持續的火山活動（圖5.7），沿峰頂中心由於張力造成下落之斷裂谷，在斷裂谷處處可見裂縫（fissures）、斷

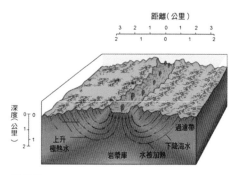

圖5.7 岩漿從中洋脊處流出，造成新生的海洋地殼並持續的火山活動

層、地震活動及許多熔岩凝結所成大石，形如枕狀故稱枕狀熔岩（pillow lava，圖5.8）。在深海熱水噴泉口發現細菌存在，以地熱為能量來源，因為地表生物之生存全賴光合作用，唯獨此處例外，曾使生物學家大為驚訝。這些細菌以劇毒之硫化氫為食物，

大型管蟲、蝦、螃蟹與其他生物等構成食物鏈，形成了一個完全獨立的生態環境，把這裡變成遺世獨立的天堂。圖 5.9 深海潛水艇 Alvin 於 2,500 公尺深海拍攝的照片及圖 5.10 的大型蚌殼，說明這裡的得天獨厚。

圖5.8 沿峰頂可見斷裂谷、枕狀熔岩及含劇毒之硫化氫噴泉口
圖片取自Harold V. Thurman, Introductory Oceanography, Prentice Hall 8th Ed.

圖5.9 中洋脊處是一個遺世獨立的生態系統
圖片取自Harold V. Thurman, Introductory Oceanography, Prentice Hall 8th Ed.

2. 聚合板塊邊緣

是海洋板塊隱沒處，因部分熔融作用產生岩漿庫，噴發岩漿至表面造成火山。

聚合板塊邊緣是世界上主要的火山帶，包括環太平洋帶及地中海帶。環太平洋帶又被稱為火環（Ring of Fire），從南美

圖5.10 Alvin 潛艇在深海所取得的大型蚌殼

洲安地斯山脈的智利起，向北經秘魯、墨西哥、美國西部的卡斯凱德山脈（Cascade range），西北行至阿留申群島、千島群島、日本、琉球、台灣、菲律賓、新幾內亞、所羅門群島、紐西蘭等，大致環繞太平洋一圈，約佔全世界的 75% 火山區。地中海帶起自中美洲西印度群島，經大西洋的加那瑞群島、亞速爾群島，折至地中海（義大利等地）後，經中亞及阿拉伯至東印度群島。因聚合板塊邊緣產生岩漿多屬安山岩質，黏滯性高，火山噴發時都是爆裂式的，如維蘇威的火山噴發、聖海倫的火山噴發、哥斯大黎加的 Arenal 火山噴發、印尼爪哇 Merapi 的火山噴發等等，非常危險。

3. 熱點（Hot Spots）

代表地函內穩定熱源，其岩漿由熱柱（Thermal Plumes）升至地表（圖 5.11）。

全球約有 5% 的火山活動與熱點有關。例如太平洋的夏威夷群島及加拉巴哥斯群島（Galapagos Is.）、冰島及美國的黃石公園等。全世界約有幾十個熱點，主要的熱點位置見於圖 5.12，有少部分與板塊邊

圖5.11 冰島下上升之熱柱（直徑 300 公里）在地表造成火山噴發

緣相遇，大部分則否。冰島之 Heimaey 島曾於 1973 年火山噴發，圖 5.13 為冰島之火山噴發景象。美國的黃石公園也是一個熱點，曾經有非常活躍的火山活動（圖 5.14-15）。

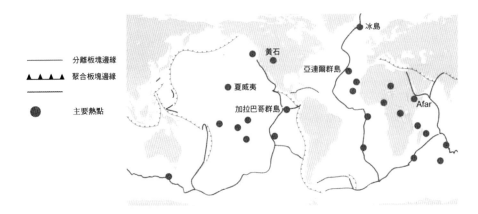

圖5.12 全球主要熱點所在位置，有少部分與板塊邊緣相遇，大部分則否

圖片取自 Harold V. Thurman, Introductory Oceanography, Prentice Hall 8th Ed.

圖5.13 冰島之火山噴發景象，其後天空出現為極光

圖5.14 黃石公園的間歇泉

圖5.15 柱狀節理（Columnar Joints）：柱狀節理顯於黃石公園之岩壁，為岩漿冷卻時規則性的收縮造成

⚡火山的分類

1. 中心噴發與裂隙噴發（Central Eruption and Fissure Eruption）

　　火山可根據其裂口種類分為：⑴中心噴發：岩漿從中心之一通道噴出，它構成了錐形構造（cone structure），中間有明顯的火山口。⑵裂隙噴發：岩漿從岩石圈之裂縫流出，它構成了高原玄武岩（plateau Basalt），如美國華盛頓州、奧立岡州、愛達荷州等地的哥倫比亞高原（Columbia Plateau）面積達 6 萬平方哩，印度的德干高原（Deccan Trap）與巴西的巴拉那（Parana）盆地等都是這種高原玄武岩（圖 5.16）。

圖片取自Carla W. Montgomery and Edgar W. Spencer, Natural Environment, McGraw Hill Custom Publishing

圖5.16 裂隙噴發（左圖）造成美國西北部的哥倫比亞高原（右圖）

2. 盾狀火山（Shield Volcano）

　　鐵鎂質玄武岩岩漿噴出的主要是熔岩，產生底部甚大，外形平緩，形如盾狀的火山，稱為盾狀火山（圖 5.17）。夏威夷之摩

那羅火山（Mauna
Loa）是盾狀火山
的一個實例，其坡
度不超過 4°～5°，
高 10 公里，底部直
徑 100 公里，是地
表最大的火山（圖
5.18）。

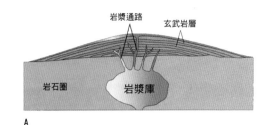

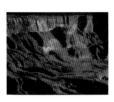 

圖5.17 盾狀火山及其特性：(A) 剖面 (B) 非常薄的岩漿流動 (C) 岩漿的流動性質在凝結後非常明顯

圖片取自Carla W. Montgomery and Edgar W. Spencer, Natural Environment, McGraw Hill Custom Publishing

 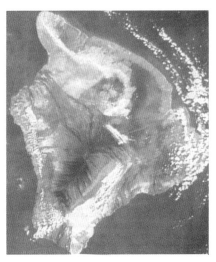

圖5.18 夏威夷之摩那羅火山是盾狀火山的一個實例，左圖為火山由低角度觀望，其上為破火山口，注意坡度的平緩。右圖為由人造衛星拍攝的火山全貌

圖片取自Carla W. Montgomery and Edgar W. Spencer, Natural Environment, McGraw Hill Custom Publishing

3. 火山圓頂（Volcanic Dome）

火山噴發時若為酸性岩漿，具有極高黏性，則當它向外噴發時不易流動，岩漿或其他物質噴到地面的通道稱為火山口（Crater），流紋岩質或安山岩質岩漿從火山口流出其外形呈球根狀，當更多岩漿流出，因物質不能承受重量而崩陷，但新的岩漿繼續流出，堆積在外造成高黏性的圓頂熔岩，圖 5.19 為聖海倫火山的火山口。另外有一種面積較大的火山裂口，稱為破火山口（Caldera），是由原來的火山口經過崩陷或爆裂因而擴大了原來的火山口，造成破火山口。

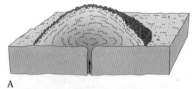

圖5.19 火山圓頂的構造：(A) 圖示 (B) 聖海倫火山的火山口
圖片取自 Carla W. Montgomery and Edgar W. Spencer, Natural Environment, McGraw Hill Custom Publishing

4. 火山碎屑錐（Pyroclastic Cone）

火山碎屑錐或稱火山渣錐（Cinder cone）是由火山碎屑物質，經爆炸噴出火山口堆積而成，其坡度陡或緩取決於碎屑物質的大小（碎屑物質越大則坡度越陡），一般火山碎屑錐的坡度都介於 30°與 40°之間，最大高度不超過 500 公尺（圖 5.20：墨西哥之 Paricutin 火山）。

圖5.20 墨西哥 Paricutin 火山的噴發（左圖）及火山碎屑錐（右圖）

圖片取自 Carla W. Montgomery and Edgar W. Spencer, Natural Environment, McGraw Hill Custom Publishing

5. 複式火山（Composite Volcano）

　　當火山噴出的熔岩與火山碎屑相間，即構成了複式火山或稱之為成層火山（Statovolcano），是由火山熔流與火山碎屑成層相間而成（圖 5.21）。複式火山是陸地最常見的大型火山，如富士山（圖5.22）、維蘇威火山、聖海倫火山、阿留申群島、中國的長白山、台灣的大屯火山（圖 5.23）等。由於熔岩與火山碎屑相間，使它能繼續增高，超過火山碎屑錐與火山圓

圖5.21 複式火山噴發（上圖）及阿留申群島火山噴發實例（下圖）

圖片取自 Carla W. Montgomery and Edgar W. Spencer, Natural Environment, McGraw Hill Custom Publishing

圖5.22 日本的富士山（3,777 公尺）

圖5.23 大屯火山遙望

頂高度，是最危險的火山。

⚡ 與火山有關災害

火山造成的災害與下
列物質有關：

1. 熔岩流。
2. 火山碎屑。
3. 火山泥流。
4. 火山碎屑流。
5. 有毒氣體。
6. 水蒸氣爆炸。
7. 次級效應。

圖 5.24 之簡圖中可見
各種災害，茲詳述於下。

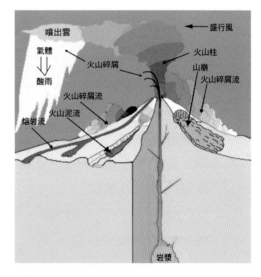

圖5.24 火山造成的災害

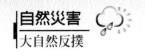
1. 熔岩流（Lava，圖 5.25）

　　是融熔的岩石從火山口流
出，依著地勢起伏而向下流
動，並摧毀一切經過事物，但
因其流速較緩，故人與動物皆
有充裕時間逃逸，其流速快慢
取決於⑴熔岩的黏滯性；⑵地
面坡度；⑶表面地形（例如河

圖5.25 熔岩流

道較快）；⑷熔岩供給速率。通常玄武岩質熔岩流最快者每小
時 10 公里，一般則小於每小時 1 公里。黏滯性較高的安山岩質的
熔岩流每小時流動最快也僅數公里。

　　火山噴出的熔岩依著地勢起伏而向下流動，隨流隨凝，其凝
固的形式有兩種：

①繩狀熔岩（Pahoehoe）：
熔岩凝結時彼此絞扭成繩
狀（圖 5.26），表面有褶
皺，尚未凝固前，所含大
量氣體已向外擴散。

②塊狀熔岩（Aa）：這種熔
岩的表面多鐵渣岩燼，表
面成鋸齒狀，熔岩中的氣
體早已逸出，僅由空氣填充其間。

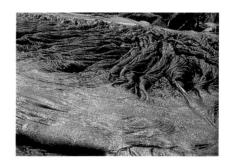

圖5.26 繩狀熔岩

2. 火山碎屑（Pyroclastics）

是熱的岩石碎屑與掉落的熔岩，通常比熔岩流更具危險，火山碎屑可能瞬間噴發爆炸，快速的傳至極遠處（圖 5.27）。例如前述之龐貝古城在公元 79 年維蘇威火山爆發時，被火山灰（非熔岩）掩蓋。

圖5.27 高溫的火山碎屑掉落，遮蓋所有物體，極是危險

3. 火山泥流（Lahars）

火山噴發時常有泥流伴生。火山泥流的發生，主要是因為岩石碎片與水（雨、雪、河水等）混合。泥流順山坡流動可達數十公里遠，且可淹沒村莊及農田（圖 5.28）。

圖5.28 火山泥流淹沒村莊

火山泥流大小與速度不等，較小火山泥流小於幾公尺寬，幾公分深，流速每秒幾公尺。較大火山泥流有幾百公尺寬，幾十公尺深，流速每秒幾十公尺，圖 5.29～30 為聖海倫火山噴發後的火山泥流。

圖5.29 聖海倫火山的火山泥流

圖5.30 聖海倫火山的火山泥流

4. 火山碎屑流（Pyroclastics Flows）

　　是炙熱岩石碎片與氣體之混合物，從火山口以極高速沿山麓流下（圖 5.31），多數火山碎屑流包含岩石碎屑與火山灰兩部分，並可涵蓋廣大範圍。

　　火山碎屑流流速極快，有時超過時速 80 公里，火山碎屑流溫度很高，一般介於攝氏 200℃ 與 700℃ 之間，可使易燃物質起火燃燒，如樹木房屋等，故摧毀所經一切事物，極具危險性（圖 5.32）。

圖5.31 1974 年紐西蘭的 Ngauruhoe
火山噴發，在山麓處可見火
山碎屑流

圖5.32 火山碎屑流經過後，百物盡毀

5. 有毒氣體（Toxic Gases）

岩漿中含大量氣體會隨著火山噴發一起被釋放（圖 5.33）。這些氣體在地球內部高壓下原被溶解於岩漿中，當被岩漿帶到接近地表壓力較小環境下時，形成微小氣泡，當火山噴發時氣體體積急劇膨脹爆炸，釋放極大威力。這些有毒氣體包括：水（70.75%）、二氧化碳（14.07%）、二氧化硫（6.40%）、氮氣（5.45%）、三氧化硫（1.92%）、氫氣（0.33%）、氬（Ar, 0.18%）、硫（0.10%）等。

圖5.33 火山噴發時大量氣體被釋放

6. 水蒸氣爆炸（Steam Explosions）

有些火山噴發帶來的致命危險是由於它所在位置，例如有些島嶼在火山噴發時接近岩漿庫有大量海水滲入岩石內，被岩漿加熱為蒸氣，造成火山劇烈爆炸，例如 1883 年印尼之 Krakatoa 火山噴發，水蒸氣爆炸使死亡人數達 36,000 人。

7. 次級效應

影響氣候並與大氣產生化學反應：

⑴含硫（SO_2）成分多的氣體造成酸雨，有害農作物（圖

5.34）。

(2)這些酸性氣體也破壞了臭氧層（Ozone Depletion）。

(3)形成厚的雲層，使全球溫度降低。例如前述 Pinatubo 火山噴發，使全球平均溫度降低華氏 1°。

圖5.34 火山噴發氣體造成酸雨，有害農作物

⚡關於火山噴發之預測

1. 根據火山活動分類

可分為：

(1)活火山（Active Volcano）：為近期內曾噴發過的火山。

(2)眠火山（Dormant Volcano）：在近期內未曾噴發，但其表面未被侵蝕，仍呈新鮮外貌，有可能仍在活動。

(3)死火山（Extinct Volcano）：在近期內未曾噴發，且其表面被侵蝕得很厲害，表示已經很久沒有活動。

2. 火山噴發之先兆

火山噴發前會有一些明顯的徵兆。

(1)地震活動：火山噴發前在火山口附近微震明顯增多。

(2)傾斜紀錄：火山斜坡上斜度增加，表示因底下岩漿上升地表被拱起（bulging），顯示岩漿即將噴出（圖 5.35）。

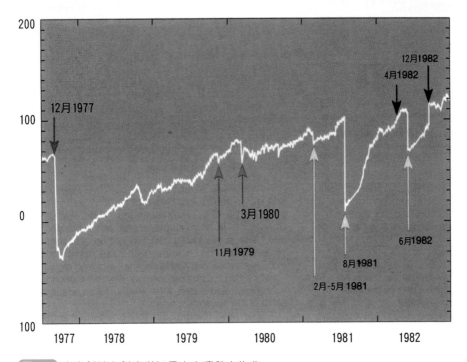

200

12月1982

4月1982

12月1977

100

3月1980

0

11月1979

6月1982

8月1981

2月-5月1981

100

1977　　1978　　1979　　1980　　1981　　1982

圖5.35 火山斜坡上斜度增加是火山噴發之先兆
圖片取自Carla W. Montgomery and Edgar W. Spencer, Natural Environment,
McGraw Hill Custom Publishing

3. 對火山噴發預測之反應

　　當資料顯示在某人口稠密處有火山即將噴發之跡象，最安全
的做法是將該地人口完全疏散，直到火山噴發後再遷回。但實行
上有時有困難，因為非常難以預測準確的火山噴發時間（例如：
在 1980 年聖海倫火山噴發時，有不少火山學家在現場，卻未能掌
握最後瞬間及時逃避），民眾可能因預測失準，有時一等好幾個
月，最後失去耐性而不再與政府配合。

⚡美國與台灣火山群分布

1. 美國的火山危害區

⑴夏威夷（Hawaii）群島：是熱點造成，前文已詳述。

⑵卡斯凱德山脈（Cascade Range）：在聚合型板塊邊緣，火山活動非常活躍，聖海倫火山曾於 1980 年 5 月與 2005 年 3 月噴發（圖 5.36）。

⑶阿留申群島（The Aleutians）：在聚合型板塊邊緣。

⑷黃石公園破火山口（Yellowstone Calderas）：是熱點造成，黃石公園曾於 1959 年發生規模 7.5 級地震，並於 1975 年發生規模 6.1 級地震（圖 5.37），可見其地底活動非常活躍，現階段雖然平靜，但有火山爆發的可能。

2. 台灣的火山

台灣目前雖然沒有火山活動，但依過去火山的活動及板塊構造體系，可分為三個區域（圖 5.38）：

⑴北部的大屯火山群、觀音山，由菲律賓板塊隱沒入歐亞板塊，部分熔融作用造成岩漿噴發至地表，大約從 280 萬年前經過幾次噴發，最近的一次可能在 2 萬年前左右。大屯火山群與觀音山是台灣安山岩的主要分布地帶，火山地質、地形及後火山作用的地熱和溫泉，都保存得很完整。最近有學者根據火山氣體（圖 5.39）與微震，認為大屯火山群有岩漿庫存在，應屬於活火山，但此論點仍須更多檢驗。此外東北的龜山島也被發現在七千年前有噴發紀錄，可能是台灣最近的火山活動。

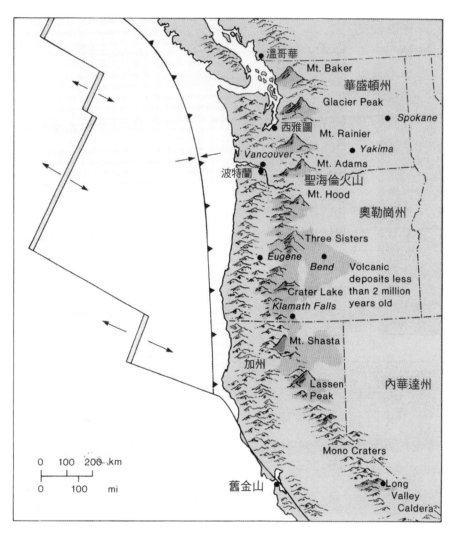

圖5.36 卡斯凱德山脈火山群
圖片取自Carla W. Montgomery and Edgar W. Spencer, Natural Environment, McGraw Hill Custom Publishing

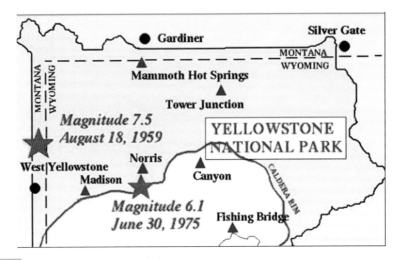

圖5.37 黃石公園破火山口地震紀錄

(2)西部火成岩區，有
多處的噴發紀錄，
包括公館凝灰岩、
角板山、關西、竹
東與澎湖的玄武岩
（圖 5.40）等等。主
要是淺海或陸地上裂
隙噴發造成。

(3)東部火成岩區：由歐
亞板塊隱沒入菲律賓
板塊，岩漿噴發至地
表形成呂宋島弧。東
海岸擁有良好的中酸
性岩漿產物以及隱沒
帶蛇綠岩系。這裡所

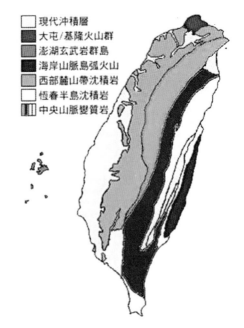

現代沖積層
大屯/基隆火山群
澎湖玄武岩群島
海岸山脈島弧火山
西部麓山帶沈積岩
恆春半島沈積岩
中央山脈變質岩

圖5.38 台灣目前雖然沒有火山活動，但依
過去火山的活動及板塊構造體系，
可分為三個區域

圖片取自http://content.edu.tw/senior/earth/
tp_ml/twrock/class3/location3.htm

圖5.39 大屯火山的大油坑附近的噴氣口　　圖5.40 澎湖將軍島玄武岩的柱狀節理

屬的海岸山脈本不屬於台灣，因板塊擠壓而與台灣本島衝撞並相連，以台東縱谷與中央山脈對峙。

3. 台灣的泥火山及其成因

泥火山事實上與火山完全無關，它也沒有任何火山的活動，泥火山的來源，是泥漿與氣體同時噴出地面堆積而成，這些氣體可能是一些天然氣或沼氣。泥火山外型為錐狀小丘，間斷的噴出氣體和泥漿，這些氣體常可以點燃，也可自

圖5.41 屏東萬丹的泥火山

行燃燒。泥火山出現常在泥質地層所在（例如惡地地形），故可供應噴發泥漿充分的來源；此外有天然氣藉這斷層或岩層的破裂噴出。台灣出現泥火山地區，主要在台南、高雄及屏東縣境內，如圖 5.41 所示為屏東萬丹的泥火山。

Q&A

1. 火山噴發有那兩種不同形態？

2. 火山噴發的形態與岩漿的不同成分有何關係？

3. 火山噴發的物質有那些？

4. 請說明全球火山的分布所在。

5. 何謂火環，它與板塊邊緣有何關係？

6. 為何說分離板塊邊緣是一個遺世獨立的天堂？

7. 請舉出三個有火山活動的熱點所在。

8. 請解釋下列名詞：

   盾狀火山、複式火山、火山碎屑錐、破火山口。

9. 為何複式火山是最常見的大型火山，也最具危險性？

10. 與火山有關的災害有那些？

11. 火山噴發有無先兆？

12. 台灣現階段雖無火山噴發，但過去曾有火山活動的所在有那些
    地方？

Chapter 6

河流與洪水

⚡前言

　　地球是一藍色的星球，地表 70%
以上均為水覆蓋（圖 6.1），水是大
氣中唯一以三個相位同時存在：固
態、液態、氣態，除空氣外它是生物
生存最重要物質，在本章中我們要來
探討水文循環和它對人類生存的重要
性。

　　俗語說水可以載舟，也可以覆
舟；水固然是人類生活所必需，但
也須達於平衡，水的供給若缺乏造

圖6.1　地表百分之七十以上為水
覆蓋，從太空中遙望，地
球實在是一個水球

成乾旱，過多造成洪水，而水之多寡取決於大氣與海洋之間的平
衡。洪水一向是可怕的自然災害，台灣過去發生的洪水，包括
了中部地區民國 48 年的「八七」水災，民國 49 年的「八一」水
災；北部地區民國 76 年的琳恩颱風，民國 85 年的賀伯颱風，民
國 86 年的溫妮颱風；南部地區則有民國 83 年「八一二」水災及
民國 94 年「六一二」水災。這些水災，造成生命及財產極大的損
失。特別近幾年來台灣洪水與土石流的災情非常嚴重，動輒豪雨
成災，百姓流離失所，非常痛苦（圖 6.2）。行政院更提出八年
八百億的治水計畫，以解決台灣的淹水問題，可見解決洪水與土
石流，是政府施政的當務之急。在本章與第八章中，我們將分別
討論洪水與塊體運動（山崩、泥流、土石流等）這兩個題目，雖

然分開來討論，事實上塊體運動是離不開水的關係。

圖6.2　民國 94 年「六一二」水災嘉南嚴重淹水災情非常慘重

⚡水文循環（The hydrological Cycle）

水文循環指水從海洋及其他水覆蓋區域運行至大氣再回歸地表之循環，圖 6.3 顯示在水文循環中所經過一切步驟，其中包括蒸發（Evaporation）指水從液態改變為氣態的水蒸氣，蒸散

圖6.3　水文循環

圖片取自Carla W. Montgomery and Edgar W. Spencer, Natural Environment, McGraw Hill Custom Publishing

（Transpiration）指水從植物樹葉表面釋放為蒸氣；水亦可從氣態（雲、霧、露水等）改變為液態稱為冷凝（Condensation），並藉降雨（雪、霰、凍雨、冰雹）（Precipitation）等方式返回地表，地下水（Groundwater）雖運行緩慢，每日只流動幾公分到幾公

尺，但因作用面積廣大，所以也是水文循環中的重要步驟。

⚡河流及其特徵

1. 河流──一般特性

(1)當雨水降落地表後，成
為表面逕流（Runoff）
向集水區（Drainage
Basin）匯集，最終集
合於河流來運輸（圖
6.4）。水因地表坡度之
不同有流向低處趨勢，
至終達最低處（稱為基
準面，如湖泊或海洋）。

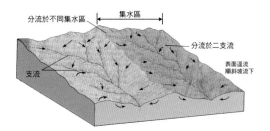

圖6.4 河流及其集水區
圖片取自Carla W. Montgomery and Edgar
W. Spencer, Natural Environment,
McGraw Hill Custom Publishing

河流在河道中流動造成兩種基本現
象：侵蝕（Erosion）或搬運（Transportation），取決於水流
速度與所攜帶物質顆粒的
大小。

(2)侵蝕或搬運：

①一般而言，物質顆粒越
小，越容易被河流、波
浪或海流搬運。

②圖 6.5 顯示，河流的流
速在決定是侵蝕或搬運
上，與顆粒大小同等重
要。

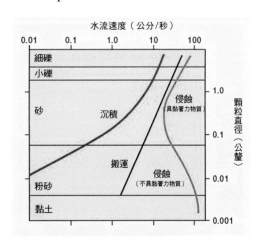

圖6.5 河流具有侵蝕或搬運能力，決定於河
流的流速與顆粒大小兩因素

③在圖 6.5 中若河流流速與顆粒大小兩因子落在搬運曲線右

側，河流將產生侵蝕作用，在曲線左側，河流將產生沉積

作用。

通常在河流的上游，坡度
陡流速急，河流的侵蝕功
能強，圖 6.6 的照片顯示
1976 年一次山洪中，丹佛
市附近的大湯姆森河（Big
Thomson River）河床兩岸
被侵蝕的現象。

圖6.6　在 1976 年一次山洪中，丹佛市
附近的大湯姆森河（Big Thom-
son River）河床兩岸被嚴重侵蝕

⑶流量（Discharge）：河流
能量的大小，河水於一定時
間內流經某地點的容積。流
量等於流速乘於河道的截面
積（圖 6.7），此處流量用
法與電路學中所用的「電
流」同義。

非洲的剛果河具有全世界最大
河流流量。

公式：

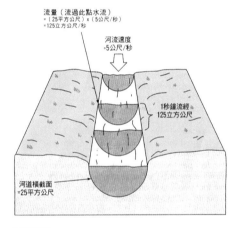

圖6.7　河流的流量決定於河流的流速與
河道的截面積兩因素

$Q = AV$

Q：流量

A：河道的截面積

V：河流流速

2. 沉積物的搬運

　　水是搬運物質極強動力，河流的負荷（stream load），即河流所能搬運物質，藉溶解負荷、懸浮負荷、河床負荷 3 種方式。溶解負荷（Dissolved Load）是河流中鹽類藉溶解為化學離子被搬運。懸浮負荷（Suspended Load）是河流中較細的顆粒如泥、砂、粉砂等藉懸浮方式被搬運，是河流搬運中最主要方式。河床負荷（Bed Load）是沉積物在河床上藉滑動（sliding）、滾動（rolling）及跳動（saltation）被搬運（圖 6.8）。最大負載量（Capacity）指一河流能夠搬運物質的總量。

圖6.8　沉積物在河床上的跳動，是沉積物的搬運方式之一

3. 速度、坡度及基準面

　　河流的速度與流量與河道陡峭的程度有關，這個河道陡峭的程度稱為坡度（Gradient），坡度決定於落差除以流程（H/L）。

　　河流最終流至河口（Estuary），這是河流的最低點稱為永久基準面（Ultimate Base Level）。河流亦可進入暫時靜止的湖面達於平靜，稱為臨時基準面（Temporary Base Level）。河流在各處都有一定的坡度，如果從河流的發源地到河口各地的河面高度相連，即構成了河流的縱剖面（Longitudinal Profile，圖 6.9），此縱剖面顯示了河流所經路程坡度之變化。

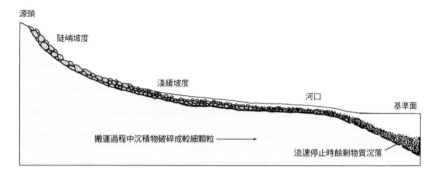

源頭

陡峭坡度

淺緩坡度

河口

基準面

搬運過程中沉積物破碎成較細顆粒 ⟶

流速停止時餘剩物質沉落

圖6.9 河流的縱剖面

圖片取自Carla W. Montgomery and Edgar W. Spencer, Natural Environment, McGraw Hill Custom Publishing

4. 沉積物的淘選與沉積作用

⑴沉積物的淘選（Sorting）指沉積物按顆粒大小分類。某處
沉積物若由大小均相仿的顆粒組成，稱優良淘選沉積物
（Well-sorted Sediments）。某處沉積物若由大小不同顆粒
混合組成，稱為劣等淘選沉積物（Poorly-sorted Sediments）
（圖 6.10）。沉積物在河流中被淘選，是因河流之能量隨地
點改變，河流在所經路程中會因速度改變而「淘選」沉積
物。

⑵淘選是沉積岩岩化（Lithification）過程一重要步驟。藉河流
或海流之淘選作用，沉積物之顆粒大小分開，再經沉積、
壓縮、膠結等作用，造成沉積岩。故沉積岩均可見層理
（bedding）構造，各層間顆粒大小成分均有所不同，是沉
積岩的重要特徵，圖 6.11 中大峽谷（Grand Canyon）中沉
積岩的層理構造。

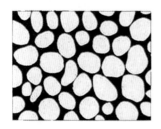 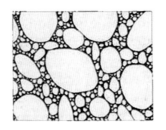 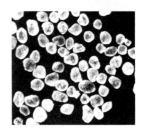

圖6.10 沉積物的淘選：左兩圖為劣等淘選例；右圖為優良淘選例

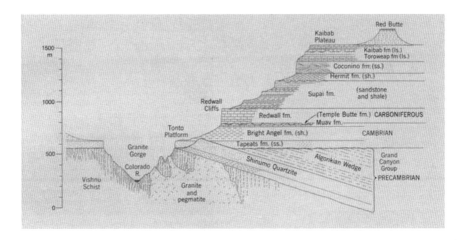

圖6.11 大峽谷中沉積岩的層理構造

(3)當河流失去能量，沉積物
即開始沉積，稱作沉積作
用（Deposition）。沉積
的環境可能是海灘、海
灣或大陸棚（Continental
Margin）等等。

河流攜帶著負荷流到河口後
就失去了能量，於是這些負
荷物質就開始沉積並構成一
個扇形狀的沉積物分布，稱
為三角洲（Delta），例如
尼羅河三角洲或密西西比河
三角洲（圖6.12）。同理河
流沉積物流出山谷進入平原
也會造成沖積扇（Alluvial
Fan），見圖6.13。

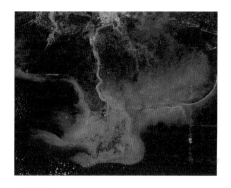

圖6.12 密西西比河三角洲

5. 河流的演變

(1)曲流：河流的速度在河道
內各點有所不同，通常中
心流速較兩側快，在凹面
側（外側）亂流強，速
度較快，造成侵蝕作用。在凸面側（內側），速度較慢，
造成沉積作用。久之形成曲流（Meanders）（圖6.14），越
老的河曲流越多（如密西西比河、基隆河）。河道在侵蝕
側稱為切割岸（Cut Bank），在沉積側稱為河曲沙洲（Point

圖6.13 河流沉積物流出山谷即失去能
量，造成沖積扇

Bar）。如曲流之頸部被切穿稱為牛軛湖（Oxbow），是古
河道遺跡。

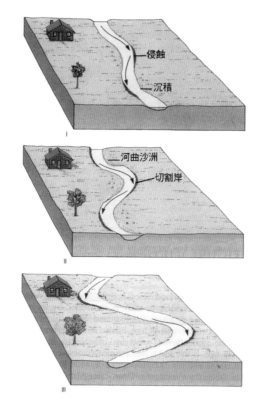

圖6.14 曲流的形成過程
圖片取自Carla W. Montgomery and Edgar W. Spencer, Natural Environment,
McGraw Hill Custom Publishing

(2)辮狀河（Braided stream）：因沉積物的負荷，河流有時
　發展成一群不時聚合和分離的多河道系統，稱為辮狀河
　（Braided stream），如圖 6.15。

(3)氾濫或沖積平原（Floodplain）：一般河道會因侵蝕作用而
　切割河岸，並因沉積作用造成河曲沙洲，使河床向兩側發

展並擴大,這個擴大的河床
便是氾濫平原(圖 6.16),
是河水漫溢現今河道時最容
易氾濫的所在。懷俄明州的
甜水河(Sweetwater River,
Wyoming),有非常發展的
氾濫平原(圖 6.17)。

圖6.15 辮狀河
圖片取自Carla W. Montgomery
and Edgar W. Spencer,
Natural Environment,
McGraw Hill Custom
Publishing

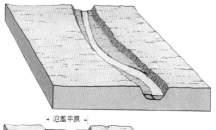

圖6.16 氾濫平原的形成過程
圖片取自Carla W. Montgomery and
Edgar W. Spencer, Natural
Environment, McGraw Hill
Custom Publishing

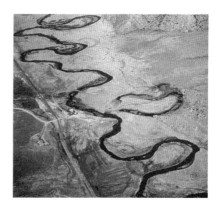

圖6.17 氾濫平原例:懷俄明州的甜
水河

⚡洪水

當河流流量達到最高點時，河流會流過兩岸造成洪水（圖6.18）。洪水是危害最廣的天災，每年洪水都造成許多人命的傷亡和財產的損失，以下是幾個有關洪水的討論。

圖6.18 1993 密西西比河水災，是近百年來美國最大洪水

1. 造成洪水的幾個重要因素

⑴河水的容量：當河道內河水超過其所能容納的最大容量時，河水將流過兩岸。因此雨季、雪溶或颱風帶來豪雨時，都常發生洪水。

⑵表面逕流（Runoff）的速率：雨水降落地表後一部分滲入（Infiltration）為地下水，當水的滲入速率太慢時，也會造成洪水，滲入速率與土壤的種類與土壤是否受到保護有關，故水土保持極其重要。表面逕流也與表面地形有關，如果表面起伏坡度大，則表面逕流不會滲入地下而會迅速沿表面流下，增加河道的負荷。

⑶植被因素：

①植物可保護土壤免於直接暴露於逕流。②樹木的根部生入土壤，使其鬆動，增加土壤的滲透率（Permea-bility），因此增加滲入的地下水。③植物會藉蒸散作用排出水分，將水釋放於空中。以上所述說明保護植被以減少河道的負荷的重要（圖6.19），在山區道路或工程開發時要特別注意保護植被問題（圖6.20）。台灣的集水區上游有不少濫

墾、濫伐情況，水土的流失相當嚴重，並且產生許多泥沙，造成河道淤塞，所以保護集水區植被實在是刻不容緩。

圖6.19 植被是保護山坡地，減少河道負荷的重要因素

圖6.20 在山區道路或工程開發，常忽略了保護植被的重要

2. 洪水的特徵

　　當洪水期間，河流水位高於往常，河水流速與流量也增加，流速與流量的增加是造成洪水毀壞的主要因素（圖6.21）。洪水期間水位的變化一直被密切的觀察，我們稱洪水在任何一點的水位高度為水

圖6.21 大湯姆森河急速洪流造成的破壞
圖片取自 Carla W. Montgomery and Edgar W. Spencer, Natural Environment, McGraw Hill Custom Publishing

階（Stage）。洪水階（Flood Stage）指河水超過兩岸高度時，洪峰（Crest）為最高水階（最大洪水流量）。

(a)上游的洪水（Upstream Flood）：上游的洪水影響範圍小且局部，它們通常來自山區局部強烈驟雨，造成山洪爆發（圖 6.6 及圖 6.21），但來的快去的也快，例如幾年前一法國獨木舟探險隊遇山洪，多人均不及逃逸而喪生。又如民國 89 年的八掌溪事件，

圖6.22 1993 密西西比河水災，愛阿華州搭文普市（Davenport Iowa）
圖片取自Carla W. Montgomery and Edgar W. Spencer, Natural Environment, McGraw Hill Custom Publishing

在吳鳳橋附近進行河床加固工程的 4 名工人，在山洪暴發時不及逃避而罹難，均說明上游洪水的急迫性。

(b)下游的洪水（Downstream Flood）：下游的洪水影響範圍大，包含許多河流及其流域，它們通常來自廣大區域多日大雨不停或境內冬雪溶化。下游的洪水為患時間通常很長，因排水通常極費時間（圖 6.22）。

3. 河流水道圖（Stream Hydrographs）

河流隨時間的水階與排水量之變化可作成一水道圖。河流水道圖記錄了河流在正常狀況下的表現，與遇到洪水時的反應，如圖 6.23 是兩次洪水與一次泥流所作河流水道圖。圖 6.24 是兩條河的水道圖實例。

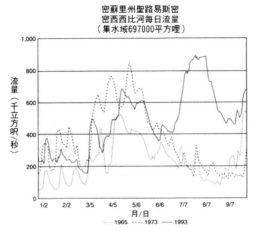

密蘇里州聖路易斯密
密西西比河每日流量
（集水域697000平方哩）

流量（千立方呎／秒）

1,000

800

600

400

200

0

1/2　2/2　3/5　4/5　5/6　6/6　7/7　8/7　9/7
月／日
—— 1965 ···· 1973 —— 1993

圖6.23 1993 年夏季上密西西比河流域河流水道圖

圖片取自 Carla W. Montgomery and Edgar W. Spencer, Natural Environment, McGraw Hill Custom Publishing

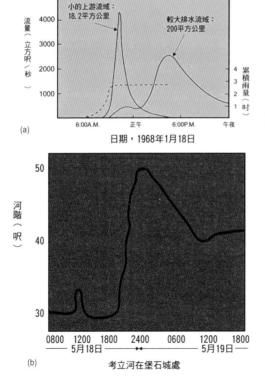

流量（立方呎／秒）

小的上游流域：
18.2平方公里

較大排水流域：
200平方公里

4000

3000

2000

1000

累積雨量（吋）

4

3

2

1

6:00A.M.　正午　6:00P.M.　午夜

(a)

日期，1968年1月18日

河階（呎）

50

40

30

0800　1200　1800　2400　0600　1200　1800
—— 5月18日 ——　—— 5月19日 ——

(b)

考立河在堡石城處

圖6.24 (a) 德州 Calaveras Creek 在 Elemendorf 城附近上游與下游的水道圖，說明該河在遭遇洪水時上游與下游的反應。(b)1980 年 5 月 18 日聖海倫火山爆發其附近 Cowlitz 河因火山泥流而暴漲，此圖是該次洪水前後的水道圖

圖片取自 Carla W. Montgomery and Edgar W. Spencer, Natural Environment, McGraw Hill Custom Publishing

4. 洪水頻率曲線（Flood-Frequency Curves）

洪水重現期距（Recurrence interval）：

⑴洪水多久再發生一次
呢？其概率曲線可見
於圖 6.25，例如十年
──洪水圖顯示，洪
水每十年出現一次，
即每年出現洪水的
概率是十分之一，洪
水頻率曲線（洪水
──概率）對估計區
域內洪水災害很有幫
助（保險業），有益
都市計畫內建築物之

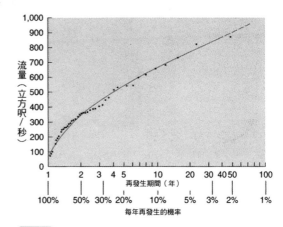

圖6.25 洪水頻率曲線

圖片取自Carla W. Montgomery and Edgar W.
Spencer, Natural Environment, McGraw
Hill Custom Publishing

規劃以其減少洪水之損失（如圖 6.26）。

⑵洪水重現期距 R 可由下列公式估算：

$$R = (N + 1) / M$$

式中 N 是間距時間（如 10, 20, 50, 100 年），M 是該河流流
量的排名。

運用歷史洪水紀錄可推導洪水頻率曲線，以下是對上述公式
的應用，例如表 6.1 中大湯姆森河流量的分析：

從 1951～1975 之 25 年紀錄來看，在 1971 年單日平均最高
流量之排名為第七，可作 R 之預估：

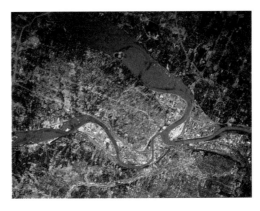

圖6.26 1993 年 7 月密西西比河洪水氾濫時的衛星照相,密蘇里河(圖上進入)與堪薩斯河(圖左)都漫溢至兩側的氾濫平原,紅色部分為植被。此照相配合洪水頻率曲線,有益於都市規劃單位的建築考量

圖片取自 Carla W. Montgomery and Edgar W. Spencer, Natural Environment, McGraw Hill Custom Publishing

---

R = (25+1) / 7 = 3.71 年

概率 = 1/ 3.71 = 27%

從 1966-1975 之十年紀錄來看,在 1971 年單日平均最高流量的排名為第一,因此作 R 之估算:

R = (10+1) / 1 = 11 年

概率 = 1/ 11 = 9%

原則:長期間的紀錄比以短期間紀錄估算 R 值來得準確(圖 6.27)。

表6.1 大湯姆森河流量分析

		25年記錄		10年記錄	
年	單日平均最高流量（立方呎/秒）	M（排名）	R（年）	M（排名）	R（年）
1951	1220	4	6.50	3	3.67
1952	1310	3	8.67	2	5.50
1953	1150	5	5.20	4	2.75
1954	346	25	1.04	10	1.10
1955	470	23	1.13	9	1.22
1956	830	13	2.00	6	1.83
1957	1440	2	13.00	1	11.00
1958	1040	6	4.33	5	2.20
1959	816	14	1.86	7	1.57
1960	769	17	1.53	8	1.38
1961	836	12	2.17		
1962	709	19	1.37		
1963	692	21	1.23		
1964	481	22	1.18		
1965	1520	1	26.00		
1966	368	24	1.08	10	1.10
1967	698	20	1.30	9	1.22
1968	764	18	1.44	8	1.38
1969	878	10	2.60	4	2.75
1970	950	9	2.89	3	3.67
1971	1030	7	3.71	1	11.00
1972	857	11	2.36	5	2.20
1973	1020	8	3.25	2	5.50
1974	796	15	1.73	6	1.83
1975	793	16	1.62	7	1.57

科羅拉多州以斯堤公園計算流量再發生時間

圖片取自Carla W. Montgomery and Edgar W. Spencer, Natural Environment, McGraw Hill Custom Publishing

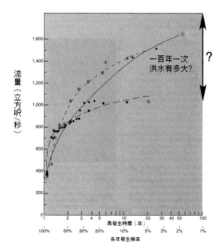

圖6.27 大湯姆森河的洪水頻率曲線，其中 A 與 B 是根據前 10 年與後 10 年流量分析所作洪水頻率曲線，C 是根據 25 年流量分析所作洪水頻率曲線，流量分析紀錄期間越長，所估計的概率越準確

圖片取自Carla W. Montgomery and Edgar W. Spencer, Natural Environment, McGraw Hill Custom Publishing

⚡氾濫平原被過度使用的後果

1. 氾濫平原被過度使用原因

⑴一般人可能疏忽了河流在最大水位時會滿溢至氾濫平原（可能 100 年才一次或 200 年才一次大洪水），居民很容易忽略了這裡是疏洪道，定期會受到洪水淹沒。故房屋地基是否穩固常被人忽視。

⑵氾濫平原有豐厚的沉積物以及充分的水源，此處土壤肥沃，砂質細小，適於農作物耕作（如花生、西瓜、青菜等）。

⑶氾濫平原土地價格較便宜甚或免費。很明顯的，越多人居住氾濫平原，洪水帶來的危害就越大。開墾和濫伐更改變自然的水文條件，一旦發生洪災損失將更為嚴重。

委內瑞拉的卡拉巴樂達市（Caraballeda）便是如此，該市多建於氾濫平原上。卡拉巴樂達市，便因氾濫平原過度使用，在 1999 年一次洪水與土石流中，造成 3 萬人死亡（圖6.28），詳文見第八章。

圖6.28 委內瑞拉的卡拉巴樂達市（Caraballeda），因氾濫平原過度使用，1999 年一次洪水與土石流，造成 3 萬人死亡

圖片取自Carla W. Montgomery and Edgar W. Spencer, Natural Environment, McGraw Hill Custom Publishing

2. 過度使用氾濫平原為何造成水患？

(1)建築材料如瀝青與水泥等，都是不透水的，故減少了土壤的滲透性，增加了表面逕流，也因此增加了發生洪水的機率。最高延遲時間（Peak lag time），即從降雨到洪峰的時間差，將因都市化而縮短，最高排水量卻因都市化增加，增加了河道的負擔（圖 6.29）。

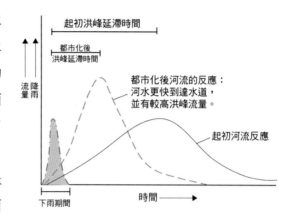

(2)建築物佔據了氾濫平原的體積，使水無處可以宣洩，並增高洪水水位（圖 6.30）。

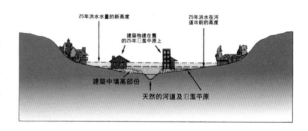

(3)建築物影響排水系統，原本可儲存於池塘的水，藉滲透的地下水逐漸達到河道，如今卻迅速達於河道，增加了河流的流量（圖 6.31）。

(4)農作物與都市化影響植被，增加表面逕流與洪水災害。

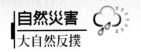

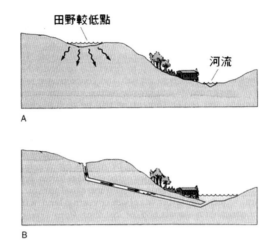

圖6.31 排水系統的改變使得原本可儲存於池塘的水（上圖）立即流至河道，增加了
河流的流量（下圖）

圖片取自Carla W. Montgomery and Edgar W. Spencer, Natural Environment,
McGraw Hill Custom Publishing

⚡減少洪水災害的策略

1. 嚴格限制使用氾濫平原

　　如前述委內瑞拉的卡拉巴樂達市因許多住戶建築於氾濫平原上，造成 1999 年一次洪水與土石流中 3 萬人的死亡；又如圖 6.26 中所示 1993 年密西西比河洪水氾濫時漫溢至氾濫平原上，造成財產的損失，都說明氾濫平原是最容易受到洪水毀壞區域，市政府授權部門應考量洪水頻率曲線，勿輕易發給氾濫平原上的建築許可。

2. 保留池塘或設置蓄洪池，轉移渠道壓力

如果能保留空地，則盡量保留池塘，因池塘之使用可減少洪災，可看作一個大的集水區，並藉滲透的地下水逐漸達到河道，阻止表面逕流直接匯集於河道，蓄洪池的功能也是如此（圖6.31）。

3. 疏濬與疏導工程（Channelization）

因為流量等於面積乘以河流流速，故增加流量可藉增加河流流速或河道截面面積（圖6.7）。改變河道截面面積便是「開闢水道」，可藉下列措施達到：

⑴河道疏濬：河道疏濬工程包括浚渫河川或整理河川，以增加河道的截面面積與排洪能力。河流的下游容易淤積泥沙，須經常性作淤泥浚渫作業，例如淡水河河口八里處，挖泥船便整年不斷的抽取淤泥。有些河道常被垃圾阻塞，也須經常的整理，以達到最大的排洪功能。

⑵建立疏洪道：在下游地區建立疏洪道，使一部分洪水經由疏洪道排入其他流域，可疏導洪峰時的壓力。

⑶改變河流路線：自然的截斷曲流，造成牛軛湖曲，它是河流演變的自然過程（圖6.17）。但人為刻意的截斷曲流，使水流流經較短途徑，固然可以減少上游水患的機會，使上游河水迅速排泄，卻增加了下游河道的負荷，使下游洪水的機率大為增加。

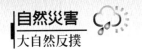
討論：基隆河的截彎取直的利與弊

　　基隆河曾是一條美麗的河道，但隨著年日老化淤塞，漸漸失去排水功能，每當颱風來到，曲流加上漲潮，常常水流不暢引起水患。因此民國 70 年基隆市政府採取了截彎取直的方式將基隆河重新整治，並新建堤防，增設抽水站，改進橋樑，疏解排水瓶頸。隨著整治工作的展開，基隆河呈現一個嶄新的面貌，並且整治後的河川綠地，成為河濱公園，達到寓教於樂的效果。

　　然而隨著基隆河截彎取直的整治工作，它卻成了南港、汐止附近居民的夢魘，因為它增加了下游河道的負荷，幾乎變成一雨成災，有些靠近河道居民甚至在雨大時，還要負起在河道兩側堆沙包之責，這是在原初作基隆河的截彎取直整治時，所未曾預期的後果。

4. 建築堤岸（Levees）

(1)一個局部解決洪水的辦法
　　是建築堤岸（圖 6.32）。
　　但這並非一勞永逸之
　　計，有可能增加下游洪水
　　機會。並且一但洪水決
　　堤，在堤岸後的居民生命
　　財產受到嚴重威脅（圖
　　6.33），黃河決堤便為一
　　例。

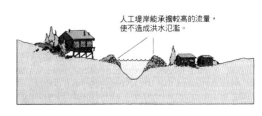

人工堤岸能承擔較高的流量，
使不造成洪水氾濫。

圖6.32 建築堤岸可暫時解決洪災問題，並非
　　　　一勞永逸之計
圖片取自 Carla W. Montgomery and Edgar
　　　　W. Spencer, Natural Environment,
　　　　McGraw Hill Custom Publishing

(2)堤岸也改變了沉積的型態，沉積物原可沉積於氾濫平原，如今被限制於河道中，因此堤岸必須逐年增高，以應付水位之

增高，如此惡性循環，更增加洪水的危險性，這就是為什麼在中國歷史上，「治黃」一直是歷代以來最頭痛問題。1931 年黃河決堤，死亡人數估計在 85 萬至 4 百萬之間。

A

B

圖6.33 建築堤岸的副作用很多，例如圖中 1993 年 7 月密西西比河洪水時堤岸破裂，在堤岸後的居民生命財產受到嚴重威脅（上圖）；另一個問題是，因堤岸高於兩側，當洪水已退去多時，一側的水仍被堤岸包夾多時，無從宣洩

圖片取自Carla W. Montgomery and Edgar W. Spencer, Natural Environment, McGraw Hill Custom Publishing

5. 都市排水設施

　　都市排水設施主要的功能係排除集中且驟降於市區的雨水，都市的排水設施包括雨水下水道和抽水站的設置。每當下雨時，雨水先經水溝流到下水道，再匯集到抽水站的排水渠道，以自然方式排放到河川裡。但是若遇上洪水，河川水位比下水道排水口位置還高時，下水道的水無法以自然方式排出，此時就須將堤防的閘門關閉以防止河水倒流入市區，並啟動抽水站的抽水機抽水，將市區的雨水排出。

6. 建造可控制洪災的水壩或蓄水庫

　　⑴水壩（圖 6.34）或蓄水庫可控制飲水，幫助灌溉，產生水力發電（圖 6.35），提供休閒活動場所，例如胡佛水壩附近克

羅拉多河（Colorado River）除提供加州居民飲水外，也提供絕佳的休閒環境（圖 6.36）。

圖6.34 胡佛水壩

圖6.35 胡佛水壩內的渦輪發電機

(2)缺點是水壩破壞了野生動物生態環境和歷史古蹟（例如建造長江大壩破壞了四川都江堰古蹟），建造水壩迫使居民遷居，並減少了河流在節制洪水的自然功能。此外水壩內改變了河流的基準面使沉積

圖6.36 克羅拉多河的河水清澈明淨，提供休閒玩水場所

物淤積於水壩後，最終水壩將失去儲水功能（圖 6.37），例如近幾年石門水庫每逢颱風就水質污濁，不適飲用，給桃園縣居民帶來很大困擾。水庫還有一弱點就是一般它的容量不大，平常需儘量蓄滿，以便缺水時放水供居民使用，所以事實上並沒有多少空間可以儲洪。

(3)水壩給人最大的顧慮是它的安全問題，它增加了下游居民對水壩一旦失效的疑慮（例如長江大壩的建造給下游居民

很大壓力）。
大型水壩如胡
佛水壩（Hoover
Dam）附近，曾
發現水壩造成輕
微的地震，這是
因滲透的水釋放
了應變。水壩破
裂的例子在美
國、法國、義

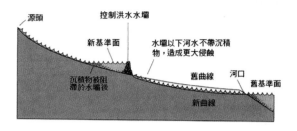

源頭　　　控制洪水水壩

新基準面　　水壩以下河水不帶沉積
　　　　　物，造成更大侵蝕

沉積物被阻
滯於水壩後　　　　　　舊曲線　河口　舊基準面

　　　　　　　　　　新曲線

圖6.37 河道中建造水壩的結果，使基準面改變，
沉積物淤積於水壩後，最終水壩將失去儲
水功能

圖片取自Carla W. Montgomery and Edgar W.
Spencer, Natural Environment, McGraw
Hill Custom Publishing

大利都曾發生過，義大利 Vaiont 曾發生一個水壩氾濫的悲
劇，死亡 3,000 餘人，詳文見第八章。

D&A

1. 河流有侵蝕或搬運功能，但是那一種由那些因素決定？

2. 河流的負荷有那幾種方式？

3. 何謂淘選？它與沉積岩的岩化過程有何關係？

4. 請解釋三角洲與沖積扇。

5. 曲流如何形成？

6. 造成洪水有那幾個重要因素？

7. 請敘述減少洪水災害的策略。

8. 上游的洪水與下游的洪水型態有何不同？請解釋之。

9. 過度使用氾濫平原為何造成水患？

10. 建造水壩有那些好處？那些缺失？

11. 台灣近來洪水災情非常嚴重，動輒豪雨成災，請提出你的看法。

Chapter 7

海岸地形及其防護

⚡前言

在本章中我們要來看另一個脆弱極易受到破壞的地點——海岸；我們將對海岸地形、其構成成因與如何防護作深入的探討。

海岸、海濱與海灘是三個不同的地質名詞。海岸（Coast）是指大陸與海洋交會處；海濱（Shore）是海岸向海延伸地帶，低潮時露出水面，高潮時為海浪或潮水掩蓋；海灘（Beach）指海濱上的沉積物而言。海岸包括了海崖（cliffs）、沙丘（dunes）、海灘、海灣（bays）與河口（river mouths）；海岸常是人口最稠密地點。

⚡海岸地形

1. 依大陸邊緣（Continental Margins）分類

海岸地形可依大陸邊緣來區分，根據板塊構造，大陸邊緣分為兩類，各有其不同特性。

⑴活動型邊緣（active margin）：或稱太平洋型邊緣（Pacific-type margin），因不斷有地震與火山活動，與聚合型板塊邊緣吻合，沉積物很薄，有島弧與海溝構造（圖7.1）。

⑵被動型邊緣（passive margin）：或稱大西洋型邊緣（Atlantic-type margin），無地震活動並堆積了很厚的沉積物，在分離型板塊邊緣兩側，有大陸棚、大陸斜坡、大陸隆

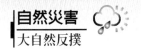
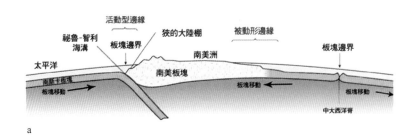

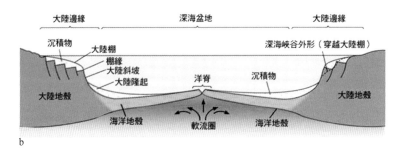

圖7.1 海岸可依板塊構造位置分為：(a) 活動型邊緣與 (b) 被動型邊緣

起等構造（圖 7.1 ）。

2. 海灘

　　海灘是一平坦的表
面，被海浪所沖洗並被
沉積物所遮蓋；海灘沉
積物（海沙）的來源可
能來自波浪的侵蝕，再
經風、海流與波浪的搬

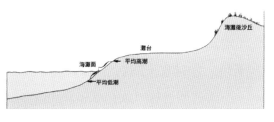

圖7.2 海灘的基本結構：潮間帶、灘台、沙丘

運而構成。圖 7.2 為海灘基本結構包括潮間帶（介於平均高潮與平
均低潮之間）、灘台、沙丘。

3. 波浪（Waves）

　　波浪與海流是塑造海岸地形的主要原因，所以此處我們要對波浪有些認識；波浪是海洋傳播能量的一種方式，包括風浪、湧浪和潮汐浪。

　　⑴風浪（Wind waves）與湧浪（Swell）：俗語說：「無風不起浪」，風將能量傳送至水面上，因水的張力就造成風浪，通常波長小於 3 公尺；風在吹風區或可說是浪的產生區（Generating Area）內，能量彼此疊加，風浪會逐漸會聚成波長較長、波高較高的湧浪（圖 7.3），湧浪波長達 60 到 150 公尺。當波浪離開吹風區後就以湧浪前進，直到受阻於海岸。

　　⑵波的前進速度：當波浪傳播時，我們可簡化其傳播公式，而分別以深水波或淺水波來看待（圖 7.4）。

圖7.3　湧浪

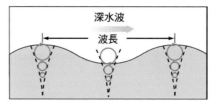

a　水深≧1/2波長

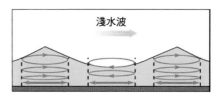

b　水深≦1/20波長

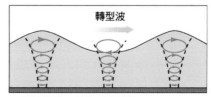

c　1/20波長≦水深≦1/2波長

圖7.4　深水波定義為水深超過波長的二分之一，此時浪浪「感覺」不到底部的摩擦力。淺水波指水深小於波長的二十分之一，此時波浪能「感覺」到底部的摩擦力，當波浪趨近於海岸時，此時即適用於淺水波公式。介於深水波與淺水波之間，屬於轉型波

圖片取自 Tom Garrison, Oceanography, Brooks/Cole Thomson Learning 4th Ed.

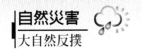

①深水波：當波傳播於深水，即意指水深超過波長的二分之
一，此時波速的公式為：

$$V = 1.25 \sqrt{L} \text{ 或 } V = 1.56 \text{ T}$$

公式中 V 指波速，L 指波長，T 指週期，在大洋中水深遠
大於波長，意即波感受不到底部，波浪傳播速度可以波長
或週期求得。

②淺水波：當波傳播接近海濱時，通常我們指水深小於波長
之二十分之一，此時波能「感覺」到底部的作用（摩擦
力），此時波速的公式主要牽涉水深，其公式為：

$$V = 3.1 \sqrt{D}$$

公式中 D 指水深，例如水深 10 公尺，波速經計算約為 10
公尺／秒。

⑶潮汐浪（Tidal waves）：由於潮汐作用每日海水的水位相對
海岸週期性的升高或降低，故每日的潮汐也可看作一種具週
期性的潮汐浪。

①原理：月亮繞地球公轉，使得兩種力作用於海水──萬有
引力與離心力。在近月點（月亮在中天）萬有引力大於公
轉的離心力，反之在遠月點（在近月點的地球另一端）萬
有引力小於公轉的離心力，故而在近月點海水受到多餘萬
有引力而上漲，在遠月點海水受到多餘離心力也相對地球
上漲（圖 7.5），造成每日兩次的潮汐浪。

②週期：由上述原理造成的潮汐，每日有兩次高潮

（high tides）與兩次低潮（low tides），稱半日潮

（semidiurnal）（週期 12 小時 25 分鐘），因為月亮每日

多轉了額外的 12°，換成時間約為 50 分鐘（1440 分鐘*

12 / 360），故每日有 50 分鐘高潮或低潮的「延滯時間」

（圖 7.6）。但有些地方受到地形影響，每日只有一次高

低潮，稱全日潮（diurnal）。

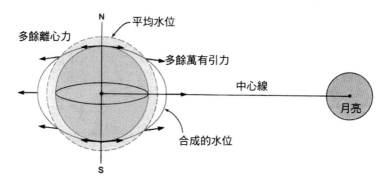

圖7.5 潮汐的原理，由於萬有引力與公轉的離心力兩種力的平衡，造成每日兩次的潮汐浪

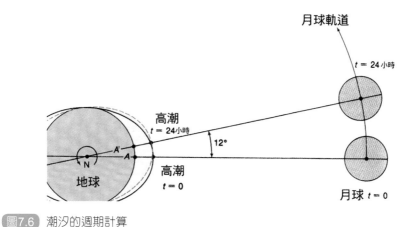

圖7.6 潮汐的週期計算

③大潮（Spring tides）與小潮（Neap tides）：雖然月亮是

造成潮汐的主要因素，但太陽也會造成潮汐浪，雖然太陽距地球距離遠較月球遠，但質量較大，故太陽的潮汐力是月球的 46%。當月球與太陽排列在一條直線上時，

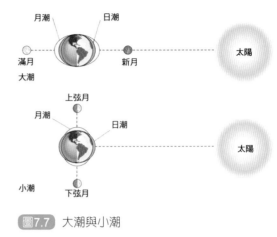

圖7.7 大潮與小潮

其引力最大，造成大潮（圖 7.7）；當月球與太陽成直角排列時，月球、太陽引力互相抵銷，此時潮汐稱為小潮（圖 7.7），此時高潮並不太高，低潮亦不太低。

海岸的上升與下降

在以往歷史上，海水面曾相對陸地上升與下降，造成海岸特別的景象；例如圖 7.8 上為佛羅里達州 18,000 年前冰期時的海岸線圖，它的面積是現今佛羅里達州的兩倍。圖 7.8 下為佛羅里達州不久將來的海岸線，南佛州幾乎已完全沉降在水面下，因為目前地球正處於間冰期，冰川逐漸融化，故海水面逐年上升。除冰期因素外，還有其他一些因素也會影響海岸的上升與下降，現敘述於下。

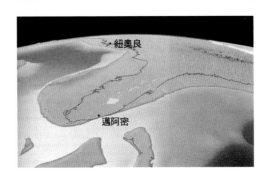

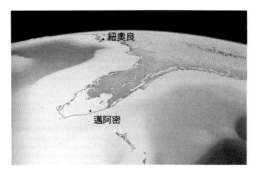

圖7.8 由於冰期與間冰期的變化，海水面曾相對陸地上升與下降。上圖為佛羅里達州 18,000 年前的海岸線位置，下圖為預測 1 萬年後的海岸線位置

圖片取自 Tom Garrison, Oceanography, Brooks/Cole Thomson Learning 4th Ed.

1. 海水面上升與下降的原因

(1)地殼均衡作用（Isostatic Equilibrium）：如圖 7.9 所示，貨輪載重時將排開等體積的水，故吃水較深；高山的根部（稱為山根）會自動上升以平衡表面被

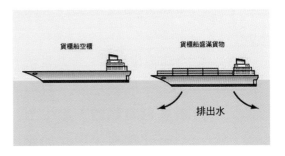

圖7.9 如同貨輪載重時排開等體積的水，故吃水較深

侵蝕部分（圖7.10），這種物理現象稱為均衡作用（Isostasy）。例如北歐斯堪的那維亞半島，在上次冰期全為冰原覆蓋，從上次冰期結束後已上升了500公尺，目前仍每年上升2公分（圖7.11），這種物理現象稱為均衡作用（Isostasy）。

(2)冰期（Glaciation）與間冰期（Interglaciation）：當地球溫度下降，南北極冰冠（Ice Cap）的擴張期稱為冰期（圖7.12），目前全球處於間冰期，冰被漸漸融化，故海水面逐年上升（圖7.12）。

(3)全球暖化現象：十九世紀始工業開發以來，製造許多溫室氣體，產生全球暖化現象，因此加速南北極冰冠的融化與海水面上升，關於溫室效

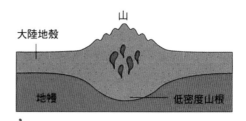
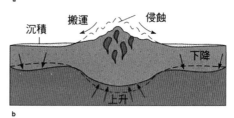
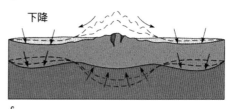

圖7.10 高山根部部分會自動調整以平衡其上壓力（下圖），稱為地殼均衡作用

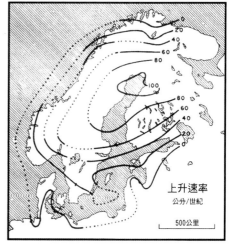

圖7.11 北歐斯堪的那維亞半島，從上次冰期結束後已上升了500公尺

應與全球暖化一節請
見第九章。

2.海水面上升與下降紀錄

(1)波蝕台地（Wave-Cut
Platforms）：因板塊
運動陸地上升或下
降，而在每次升降
前海水面停在同一高
度一段時間，波浪
將侵蝕海岸造成波
蝕台地，此台地記錄
了當時的海水面位

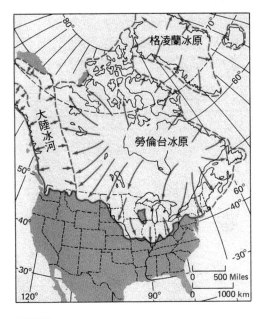

圖7.12 上次冰期北極冰被擴張的位置

置；如此多次切割造成如多個如同階梯般的台地（step-like
terraces），代表多次海平面的升降（圖 7.13）。

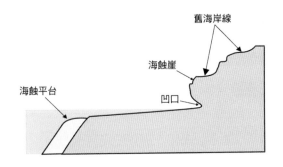

圖7.13 波蝕台地的形成（左圖）與實例（右圖）

(2)溺谷與冰峽：當海水面上升或陸地下降，河谷（V 型）與
氾濫平原將被海水覆蓋，造成溺谷（Drowned Valley）。
冰川切割而成的峽谷（U 型）部分被海水淹沒，形成冰峽

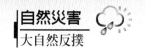
（Fjord）（圖 7.14）。

⚡海濱的侵蝕、
沉積與搬運作用

1. 沉積與搬運作用

(1)鋸齒狀（Zig-Zag）
運動：波浪帶著沉
積物沿著海灘向上
撥濺（swash），在
海灘上又因重力作
用帶著原沉積物回
濺（backwash），故
海灘面積不增不減，
但此運動方式產生一
個沿岸的分量，稱為
沿岸流（Longshore
Currents）（圖
7.15）；另外在底流

圖7.14 挪威海岸的冰峽由冰川切割而成

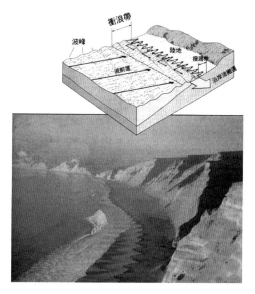

圖7.15 波浪向著海灘的撥濺與回濺產生沿岸流

中常有呈狹長形而作用力強的回流（Rip Current，垂直海岸
的離岸流，是游泳者的禁忌，常有人因不懂得回流而葬身海
底。游泳者在遇到回流時應先游向平行海岸之兩側再游回，
即可避免強勁的回流）（圖 7.16-17）。

(2)海濱的沉積現象：沿岸流將造成下列常見海岸地形（圖
7.18）：

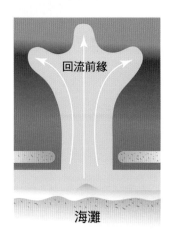

圖7.16 在底流中常有呈狹長形而作用力強的回流，是游泳者的禁忌

圖7.17 回流實例（圖中A-B段）

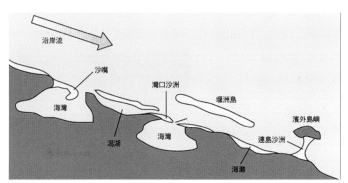

圖7.18 沿岸流的沉積作用造成圖中常見的海岸地形

圖片取自 Tom Garrison, Oceanography, Brooks/Cole Thomson Learning 4th Ed.

①沙嘴（Sand Split）與灣口沙洲（Bay Mouth Bars）

②濱外沙洲（Offshore Bar）或稱堰洲島（Barrier Island）：
如嘉義外海的頂傘洲、青山洲等，許多有名的海灘都是由堰洲島造成，例如馬里蘭州的大洋城（圖 7.19）與佛羅里達州的邁阿密灘市（圖 7.20）。

圖7.19 馬里蘭州的大洋城（Ocean City, Maryland），是一個相當發展的堰洲島

圖7.20 佛羅里達州的邁阿密灘市（Miami Beach）是堰洲島的另一例

③連島沙洲（Tombolo）與濱外島嶼（Sea Island）。

(3)如何保護海濱

①建立防波堤（groin or jetty）：為了防止沿岸流的搬運海沙建立防波堤，可在垂直海岸方向作一些障礙物，如此可穩固某些重要的海灘位置（圖7.21）。但此舉亦有負面作用，即在防波堤前方海灘，

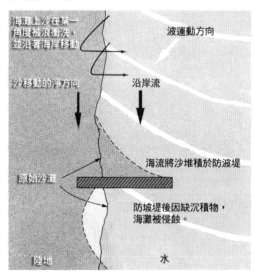

圖7.21 建立防波堤，以防止沿岸流將海砂搬走

圖片取自 Carla W. Montgomery and Edgar W. Spencer, Natural Environment, McGraw Hill Custom Publishing

將因缺乏沉積物的供給而受到破壞（圖 7.22）。

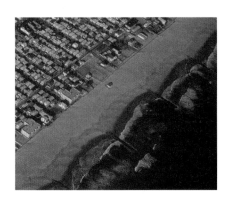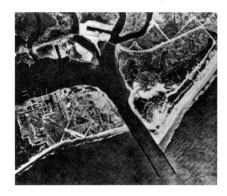

圖7.22 許多重要海灘，都有防波堤的設置以保護海灘（左圖），但在防波堤的前側海灘，將嚴重缺乏沉積物的供給（右圖）

圖片取自 Carla W. Montgomery and Edgar W. Spencer, Natural Environment, McGraw Hill Custom Publishing

②另一種防波堤的設計稱為破浪防波堤（Breakwater），是將防波堤設計為平行海灘方向，此設計的作用是藉改變波浪方向，阻止海灘被海浪侵蝕，其副作用是可能會改變沉積物的自然分布（圖 7.23）。

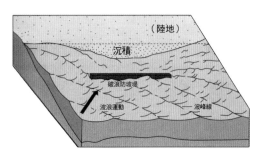

圖7.23 破浪防波堤
圖片取自 Carla W. Montgomery and Edgar W. Spencer, Natural Environment, McGraw Hill Custom Publishing

2. 海濱的侵蝕作用（Cliff Erosion）

(1)波浪的折射作用（Wave Refraction）：當波浪趨近海濱，部分波浪會先感受到底部的摩擦力而減緩速度，這個物理作用使波前（wave fronts）彎曲，稱為波浪的折射作用，折射作用多發生在不規則海岸；波浪的折射作用使波浪襲擊海岸的能量不平均分布；最大的波能和侵蝕都集中於海岬（Headland），而最小的波能都集中在海灣（Bay），這使海岬處受到嚴重的侵蝕，而海灣則為沉積物沉積所在，最終使彎曲的海岸變為平直（圖7.24）。

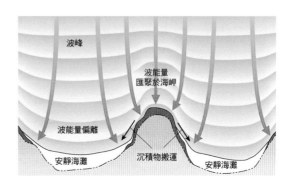

圖7.24 海濱的侵蝕作用
圖片取自Tom Garrison, Oceanography, Brooks/Cole Thomson Learning 4th Ed.

(2)海岸的侵蝕現象：如圖7.25，海浪的侵蝕作用造成常見的海岸地形如海拱（Sea Arch）、海穴（Sea Cave）、海岬（Headland）、海崖（Sea Cliff）、暴露海灘（Exposed

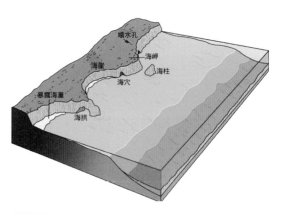

圖7.25 海浪的侵蝕作用所造成常見的海岸地形
圖片取自Tom Garrison, Oceanography, Brooks/Cole Thomson Learning 4th Ed.

Beach）、海柱（Sea Stack）等。

⚡極度困難的海岸環境

1. 堰洲島

　　堰洲島或濱外沙洲是狹而長的海島，離岸且平行於海岸線（圖 7.26）。

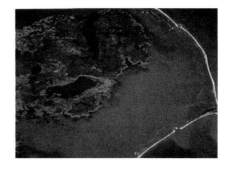

圖7.26 北卡羅來納州 Cape Hatteras 附近的濱外沙洲

(1)堰洲島可能是沿岸流把河口三角洲處的沙帶來沉積而成，也可能由於海水上升，使一部分的陸地及海灘與本土分離。

(2)堰洲島在地質上是極脆弱處，因它們的高度太低，也因它們在陸地的最前緣，受到高能量波浪的侵蝕，它們多半逐年向陸地方向後退（Retreating），大西洋海岸平均每年後退速率 2 公尺。

(3)堰洲島是一個不安全又不穩定的環境，但因海灘風景優美，是休閒度假的好去處，有不少的堰洲島都已被相當開發（約佔所有堰洲島的 20%），加增它的不安全性與管理上的困難。例如前述的大西洋城與邁阿密灘，都是已相當開發的都市，特別是邁阿密灘（圖 7.20）是全世界知名的度假勝地，每遇強烈颶風常須全城撤離，是市政府當局非常頭痛的事。

(4)因為堰洲島的經濟價值高，所以保護堰洲島刻不容緩，工程上可用前述的建立防波堤方法以保護堰洲島（圖 7.21〜

23），但是所費不貲且效用不彰，有些地方在河口處建立防
沙壩來阻擋沉積物，但其功效也是有限且暫時的。

2. 河口（Estuaries）

河口也是極須保護的海岸環境。

⑴河口是淡水與海水的
交會處，它可能是由
下列諸作用之一造
成（圖 7.27）：①下
沉的河口（Drowned
river mouth）②冰
峽（Fjord）③沙洲
（Bar-built）④板塊活
動（Tectonic）。

⑵河口的重要性是因為
在河口處鹽度的變化
很大（圖 7.28），因
生物對鹽度的適應非
常敏感，在河口處的
生物會隨處調適，來

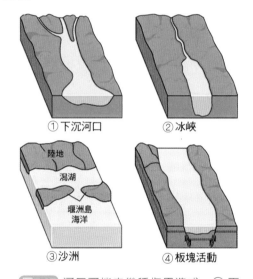

①下沉河口　②冰峽

陸地
潟湖
堰洲島
海洋

③沙洲　④板塊活動

圖7.27 河口可能由幾種作用造成：① 下
沉的河口 ② 冰峽 ③ 沙洲 ④ 板塊
活動

圖片取自Tom Garrison, Oceanography,
Brooks/Cole Thomson Learning
4th Ed.

適應其環境鹽度之變化（正常的海水鹽度 35‰，淡水鹽
度 0‰，河口各處鹽度在 0‰ 與 35‰ 之間變化）。河口各
處鹽度之變化，反映在各處淡水與鹹水混合的結果，而在
河口處的生物都已調適於該地的鹽度，若鹽度急遽變化，
將造成生物的死亡。這個原因使生物在河口處對污染極其
敏感，常成為污染的受害者，例如南佛州的 Flamingo、Ten

Thousand Islands 等沼澤公園河口處常見大量生物死亡；又如台灣近海一些河口處常見紅潮，每當紅潮發生，便造成水族大量死亡。

討論：紅潮是什麼？

紅潮是浮游植物中的一種鞭毛藻類，這種藻類因富含紅色或紅褐色葉綠素，所以當海水中這些藻類大量繁殖時，海水便呈現紅色或紅褐色，故稱之為紅潮。

紅潮的發生與水質優養化有關，優養化是一種水質富含營養鹽的現象，水質優養化將促成藻類大量繁殖，加速水質惡化，當一些有毒藻類例如鞭毛藻大量繁殖時，更會造成水族大量死亡。在夏季大雨過後，有時河流帶著大量城市流出的富含營養鹽的污水，流到河口和近海區域，該處生物便會因此受到損害。

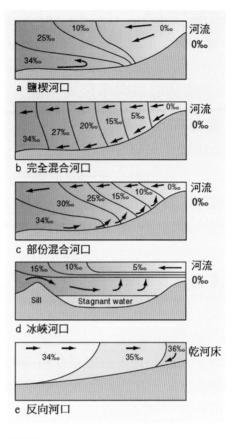

圖7.28 在河口處鹽度的變化

圖片取自 Tom Garrison, Oceanography, Brooks/Cole Thomson Learning 4th Ed.

⚡氣候、天氣與海岸動態變化

1. 預測現今與未來海平面

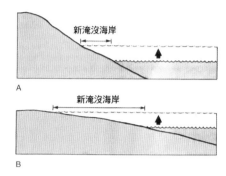

圖7.29 海水位的上升造成有些海岸地
區海岸線逐年後退

圖片取自 Carla W. Montgomery and Edgar W. Spencer, Natural Environment, McGraw Hill Custom Publishing

由於現今處於間冰期，加上全球暖化影響，海平面估計每世紀上升三分之一公尺（約一呎），海水位上升造成在有些海岸地區，海岸線每年後退達數公尺（圖 7.29），預期在公元 2100 年海水位將上升三分之一公尺；亦即美國東北海岸將後退 15 至 30 公尺，加州海岸後退 65 至 130 公尺，佛羅里達州海岸因較平坦後退達 300 公尺；此種現象必然造成許多海岸地區居民的困擾；例如 1980 年代美國北卡羅來納州之 Cape Hatteras 燈塔，因海岸後退必須遷至他處，搬運該燈塔耗資美金 1180 萬元（圖 7.30）。

圖7.30 北卡羅來納州因海岸後退（圖左），Cape Hatteras 燈塔被迫遷移（圖右）
圖片取自 Carla W. Montgomery and Edgar W. Spencer, Natural Environment, McGraw Hill Custom Publishing

2. 風暴（storm）與海岸之侵蝕

　　海灘的地形是由潮汐與風暴共同形成。

　　在平時潮汐決定了海灘的地形；但在風暴中此地形完全改變。未固結物質如砂或泥等在風暴中迅速被帶離，在風暴中強風推動海水，使海水被堆高，堆積之高度與風速成正比。這種由風暴所造成的海面浪潮稱為暴潮（Storm Surge；又稱風暴激浪）。

　　在暴潮中，坡度平緩之灘台受到波浪嚴重的沖洗，波浪甚或超過沙丘或海崖位置，侵蝕並改變部分地形，結果使沙丘的位置向後移動，因而改變了海岸的面貌（圖 7.31）。

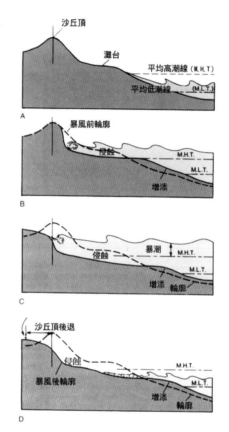

圖7.31 風暴改變了海岸面貌

圖片取自 Carla W. Montgomery and Edgar W. Spencer, Natural Environment, McGraw Hill Custom Publishing

⚡海岸地區在建築時應注意事項

　　海灘或離島區屬高能量區，最容易受到風暴與暴潮破壞，表7.1 可見歷年來在大西洋主要颶風造成財物損失及死亡人數，其

破壞主要都在海岸城市，故在此處蓋建房屋時應留意它的高風險性，下列是幾件該被注意事項：

表7.1 大西洋海岸歷年來主要颶風毀損

Hurricane	Date	Category at Landfall	Deaths*	Damages (Billions)†
Galveston, TX	1900	4	8000+	$31
Southeast FL/MS/AL.	1926	4	243	$84
New England	1938	3	600	$19
Hazel (SC/NC)	1954	4	95	$8
Carla (TX)	1961	4	46	$8
Betsy (southeast FL/LA)	1965	3	75	$14
Camille (MS/southeast U.S.)	1969	5	256	$13
Agnes (northwest FL/northeast U.S.)	1972	1	122	$12
Hugo (SC)	1989	4	<30	$11
Andrew (southeast FL/LA)	1992	4	<30	$38
Opal (northwest FL/AL)	1995	3	<30	$3
Floyd (NC)	1999	2	57	$4.5
Katrina (Lo)	2005	5	1300	$60

圖片取自Carla W. Montgomery and Edgar W. Spencer，Natural Environment，McGraw Hill Custom Publishing

1. 在蓋建房屋時要特別注意，建築材料的強度能否應付風暴，房屋地基的高度是否高過暴潮水位，尤其在一些被列為低水位區處（Flood Zone），應保護房屋在暴潮中受損。

2. 保護海灘植被，特別是一些能抗鹽分植物如木麻黃、紅樹林等，紅樹林是屬於一種被保護植物，因為它的落地生根（俗稱水筆子）（圖 7.32），根部特別發達，同時它能過濾海水鹽分，所以紅樹林能

圖7.32 紅樹林，又稱水筆子，生存力強，適於保護海岸

生存在海岸地帶，對海岸的保護非常重要（圖 7.33）。

3. 收集下列資訊：①颱風（颶風）與海嘯的紀錄，作為建築的考量。②海岸被侵蝕速率（地圖照片與地質調查報告等）③海岸後退速率。這些都有助於未雨綢繆先作準備，使發生自然災害時，損失減為最少。

圖7.33 紅樹林對海岸的保護非常重要

Q&A

1. 依大陸邊緣分類，海岸地形有那兩類？

2. 簡述海灘的基本結構。

3. 風浪與湧浪有何不同？

4. 大潮與小潮如何形成？

5. 海水面上升與下降的原因為何？

6. 何謂沿岸流？如何形成？

7. 何謂回流？游泳者在遇到回流時應如何處置？

8. 海濱因侵蝕作用，造成那些海岸地形？

9. 海濱的沉積現象，造成那些海岸地形？

10. 在工程上有何措施可保護海濱？

11. 潮汐與風暴如何塑造海灘的地形？

12. 堰洲島如何形成？如何防護？

13. 海岸地區在建築時應注意那些事項？

Chapter 8

塊體運動

⚡前言

　　在前面數章中我們已討論過地震、火山、洪水、海嘯、海岸區的暴潮等有關天災，本章中我們繼續探討另一個台灣近年來最頭痛的自然災害——塊體運動。

　　何謂塊體運動？塊體運動是指大塊物體受到重力作用，當重力超過摩擦力或附著力時，物體便從斜坡向下移動，造成極大災害。塊體運動可以發生以不同形式，如山崩、岩石崩、泥流、岩屑崩等，但塊體運動的產生因素卻不外乎水、土石及斜坡角度三者。以下是塊體運動的理論基礎。

⚡產生塊體運動的因素

　　重力是驅動塊體運動之主要因素，圖 8.1 中可見物體受到地心引力所產生重力可分解為兩個分力——正應力（Normal Stress）即垂直斜坡面應力，與剪應力（Shearing Stress）即平行斜坡面應力；

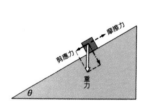

圖8.1 重力在斜坡面上可分解為垂直斜坡面的正應力與平行斜坡面的剪應力

剪應力之大小與重量（mg）與斜坡之角度（θ）有關，亦即公式

剪應力 = mg sin θ

　　由公式可看出，當剪應力超過摩擦阻力或稱剪力強度（shearing strength）時，即發生塊體運動；故增加剪應力或減少剪力強度是產生塊體運動的兩個基本因子。這兩個因子在以下塊體運動的討論中，我們還要反覆運用，以下是產生塊體運動的各項因素。

1. 坡度與物質因素

⑴休止角（Angle of Repose）：
圖 8.2 顯示斜坡角度越陡，剪應力越大，斜坡上物質越不穩定；當斜坡角度增加到斜坡上物質開始滑動，此時斜坡角度稱為休止角，摩擦係數與休止角 θ 的關係如下。

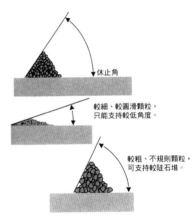

休止角

較細、較圓滑顆粒，只能支持較低角度。

較粗、不規則顆粒，可支持較陡石堆。

圖8.2 休止角與物質的顆粒大小與形狀有關

$$摩擦係數 = 剪應力／正應力 = mg \sin \theta / mg \cos \theta = \tan \theta$$

　　顆粒較小且表面光滑物質，能承受重量的斜坡角度較小，故休止角較小；外型不規則、顆粒較大且表面粗糙物質，能承受重量的斜坡角度較大，故可在斜坡上堆積物質至較陡角度才開始不穩定，故休止角較大（圖 8.2）。

　　例如第五章所述火山碎屑錐可承受較陡角度，通常在 30°到 40°之間；沙丘的斜坡則只能維持其重量在較小角度（圖 8.3）。

⑵岩石經過表面風化（物理風化、化學風化等）、破裂或節理（Joints）後，將降低剪力強度而容易滑動。沉積岩在層面

之間較脆弱（尤其是黏土質多的頁岩或泥岩），也易造成崩落。在山區岩層經過水或冰的侵蝕也易造成斜坡的不穩定，這是因為剪力強度被減低而造成了塊體運動（圖 8.4～5）。

(3)板塊活動較劇烈處，也多發生塊體運動：這是因長期緩慢的板塊構造運動，改變了斜坡的角度及層面位置，並使土石鬆動，剪力強度降低，加增了塊體運動可能。這種情形經常發生在板塊

圖8.3 火山碎屑錐由火山碎屑物質堆積而成，可承受較陡角度，通常在 30°～40° 之間

圖片取自 Carla W. Montgomery and Edgar W. Spencer, Natural Environment, McGraw Hill Custom Publishing

圖8.4 委內瑞拉的加勒比海海岸，在大雨後岩層剪力強度降低，引起山崩

圖片取自 Carla W. Montgomery and Edgar W. Spencer, Natural Environment, McGraw Hill Custom Publishing

圖8.5 美國南加州的拉古那海灘，發生嚴重的山坡坍方

的邊緣活動頻繁處：如圖 8.6 阿爾卑斯山區域瑞士之剛都鎮
（Gondo Spitting, Switzerland, 2000）、加州與台灣等都是這
種地帶。台灣在「九二一」大地震後，在山區特別是南投縣
常發生嚴重的土石流，造成重大傷亡（圖 8.7）。

圖8.6 2000 年 10 月瑞士剛都鎮的土石流

2. 雨水或雪的因素

在大雨或溶雪後，水滲入岩
石及泥土，飽和水的岩石及泥土
中增加了孔隙水壓，故降低了岩
石及泥土剪應力強度，水的重量
也增加了剪應力因素，這極易產
生土石流或山崩。

圖8.7 集集大地震後，南投縣山區常
發生嚴重的土石流，圖中為南
投縣郡坑地區土石流堆積

冰舉（Frost heaving，一種風化作用），是凍結於岩石或泥土
中的水的膨脹與收縮作用，如同砌刀鑿割岩石或泥土使它們容易
滑動。

有些富含黏土（clay）的泥土，當吸收水分時可增加重量至原來的 20 倍之多，這減少了剪力強度與斜坡的穩定，膨脹的黏土破壞了路基的穩定（圖 8.8）。地震引起土壤液化，使地盤軟弱，地層不均勻下陷，並造成建築物、道路及橋樑橋墩的破壞，原理亦同。

急速產生的山崩常因「觸發機制」（triggering）造成。所謂「觸發機制」是說，當斜坡上所能承受的重量，已經使斜坡上物質接近不穩定的邊緣，此時任何一點附加因素，都可能立即觸發塊體運動。例如在雪地山坡上堆滿了新雪，此時輕微一點震動，如圖 8.9 中滑雪者滑過時，可能觸發雪崩。又如大雨傾盆或急速溶雪都可能是一種「觸發機制」，使其突然增加重量、減少摩擦及增加孔隙水壓，因而造成山崩或土石流，圖 8.10 是巴西一次因大雨而觸發的泥流。

圖8.8 克羅拉多州伯德鎮（Boulder, Colorado）一次大雨後，膨脹的黏土破壞了路基的穩定

圖片取自 Carla W. Montgomery and Edgar W. Spencer, Natural Environment, McGraw Hill Custom Publishing

圖8.9 滑雪者滑過山坡地積雪，有可能觸發引起雪崩

圖片取自 Carla W. Montgomery and Edgar W. Spencer, Natural Environment, McGraw Hill Custom Publishing

圖8.10 巴西的一次泥流，因大雨傾盆
引動「觸發機制」而造成

圖8.11 樹木的根部可固定泥土，吸收
泥土之水分而增進斜坡穩定

圖片取自Carla W. Montgomery and
Edgar W. Spencer, Natural
Environment, McGraw Hill
Custom Publishing

3. 植被因素

　　樹木的根部可固定泥土，植被可吸收上部泥土之水分而增加
其剪力強度，因而增加斜坡之穩定度（圖 8.11）；然而在急劇的暴
風雨時，有時樹木反而增加了斜坡的重量，成為不穩定的因素。

4. 地震

　　強烈的地震波搖撼岩層並使岩
石破裂，因此岩石崩及岩屑崩常
隨著地震發生。集集大地震在山
區造成無數的岩石崩和岩屑崩（圖
8.12），有不少當時仍在中橫的旅
客被岩石崩或岩屑崩擊中而罹難。

圖8.12 集集大地震造成中部橫貫公
路多處的岩屑崩

5. 快泥（Quick Clays）

　　快泥是一種非常特殊的泥土流動，在阿拉斯加、加州、北歐（在高緯度常見）等處都曾造成極大環境破壞（圖 8.13）。快泥是一種特別性質的黏土，由極小的物質構成（小於 0.02 毫米或 0.0008 吋），當遇水時在自然狀態下立刻由固體轉變為近似液體狀態，流速很快；突然的震動（如地震）或擾動常造成表面一層快泥，迅速液化並流動於廣大區域。

圖8.13 快泥的形狀
圖片取自Carla W. Montgomery and
　　　　Edgar W. Spencer, Natural
　　　　Environment, McGraw Hill
　　　　Custom Publishing

⚡塊體運動的型式

　　塊體運動由其物質的性質與運動的方式（圖 8.14），可再區分為下列數種（圖 8.15）：

1. 墜落（Falls）

　　墜落是一種自由落體運動，運動中的物體和其以下表面不完全接觸，墜落常以岩石墜落（Rock Falls）或岩屑墜落（Debris Falls）方式。

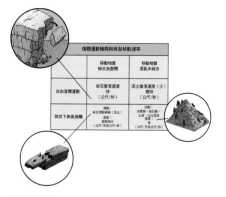

圖8.14 塊體運動種類及移動速率
圖片取自Carla W. Montgomery and
　　　　Edgar W. Spencer, Natural
　　　　Environment, McGraw Hill
　　　　Custom Publishing

2. 崩移（Slumps）與滑動（Slides）

滑動：在滑動中，岩石或土壤等沿著一確定的滑動面或平面向下滑移，包括有岩石滑動（Rock Slides）及岩屑滑動（Debris Slides）。

崩移：崩移是地表土壤或岩石沿著一個彎曲面，發生的慢速或中等速度的間歇滑動或轉動。

3. 流動（Flows）與崩瀉（Avalanches）

流動是岩屑、砂、泥土、粉砂黏土等混合了水，其移動如同液體流動，其中包括了泥流（Mud Flows）、土流（Earth Flows）、砂流（Sand Flows）和碎屑流（Debris Flows）等。

崩瀉是最快速的塊體運動，常發生於山區豪雨之後，崩瀉包括岩屑崩（Debris Avalanches，圖 8.16）及冰雪崩（Snow Avalanches，圖 8.17）。

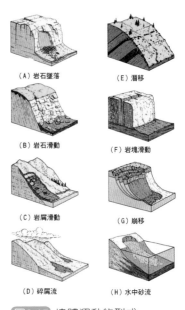

(A) 岩石墜落　　(E) 潛移
(B) 岩石滑動　　(F) 岩塊滑動
(C) 岩屑滑動　　(G) 崩移
(D) 碎屑流　　(H) 水中砂流

圖8.15 塊體運動的型式
圖片取自 Edward J. Tarbuck and Frederick K. Lutgens, The Earth, Macmillan Publishing

圖8.16 1964 年阿拉斯加地震造成 Puget Peak 的岩屑崩
圖片取自 Carla W. Montgomery and Edgar W. Spencer, Natural Environment, McGraw Hill Custom Publishing

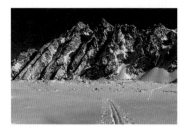

圖8.17 雪崩是最快速的塊體運動，
圖中在山麓處可見雪崩

⚡台灣近年來常發生土石流的原因

1. 氣候因素

　　台灣本來就多雨，年平均降雨量 2,150mm，約為世界平均降雨量的 2.6 倍，近年來降雨量似有加增趨勢。因為大氣與海洋本處於平衡狀態，因全球暖化之影響，全球氣候的變遷是不可避免的。聯合國氣候變遷報告指出：全球氣候暖化的趨勢是可預期的，其中影響人類最大的就是過程中變異天氣的頻繁發生。近年來聖嬰現象（圖 8.18）與颱（颶）風異常頻繁，聖嬰現象造成氣候反常，有些地方多雨成災，有些地方又乾旱缺水。此外每次

聖嬰現象如何影響全球

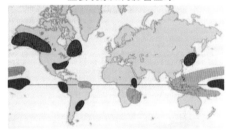

■潮濕　■乾燥　■溫暖　　　　北半球冬季

北半球夏季

圖8.18 聖嬰現象造成全球氣候變化

圖片取自 Steven A. Ackerman and John A. Knox, Meteorology, Brooks/Cole Thomson Learning

的颱（颶）風都帶來豪雨，豪雨又造成土石流，台灣近年來常常一雨成災，百姓苦不堪言。

2. 地震因素

台灣地形多山，在山區地勢本就陡斜，集集大地震更造成中部山坡地土石鬆動（圖 8.19），一遇大雨山坡地即發生土石流，特別是台中縣、南投縣受損尤為嚴重。

圖8.19 集集大地震造成中部山坡地土石鬆動

3. 植被因素

台灣的山坡地濫墾、濫伐情況嚴重，許多山坡林地被改種淺根性作物、低覆蓋果樹等經濟價值高的作物，例如檳榔樹、水蜜桃等。山坡地濫墾、濫伐結果，使山坡地水土流失，因為是淺根植物，所以無法深抓泥土，容易在大雨後土石鬆動，造成土石流。

4. 過度的使用山坡地，破壞了山坡地的穩定因素

台灣許多山坡地開發為住宅區、道路，如林肯大郡、楊梅一帶的住宅區；或在山地開發道路、高爾夫球場等，破壞了山坡地的穩定性，其原因如下：

⑴建築增加了斜坡上的重量，增加了斜坡的剪應力，故容易造成塊體運動。

⑵在斜坡上建築房屋，會破壞植

圖8.20 在山坡上蓋造房屋，常破壞了植被

被使斜坡不穩定（圖 8.20）。

⑶灌溉用的儲水池使更多
斜坡上的水滲入泥土與
沉積物，降減了剪力
強度，使斜坡變得不穩
定。

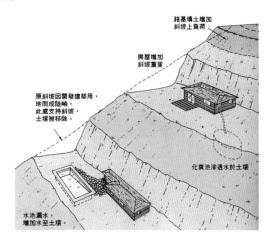

圖 8.21 中列舉了使用山
坡地錯誤的諸多因素，例如：
路基添土增加斜坡上的負荷、
建造房屋增加斜坡重量、支持
斜坡的土壤被移除、化糞池及
水池漏水使水滲透至土壤等
等，這些都促使斜坡不穩定，
容易造成塊體運動。

圖8.21 使用山坡地造成斜坡不穩定的幾項因素
圖片取自 Carla W. Montgomery and Edgar
W. Spencer, Natural Environment,
McGraw Hill Custom Publishing

⚡塊體運動造成災害實例

1. 水壩的安全問題：Vaiont 水壩。
2. 洪水與土石流：委內瑞拉實例。

1. 有關水壩的安全問題

　　水壩的安全與否是下游居民極關切的，義大利的 Vaiont 水壩
曾發生一個悲慘的故事。1960 年約有 70 萬立方公尺的石塊從南面
斜坡滑入水庫，1963 年的仲夏至初秋 Vaiont 谷中多雨，岩石與泥
土中飽和了水，水庫水位升高 20 公尺，1963 年 10 月 9 日，慘劇
發生，在山坡處有超過 2 億 4 千萬立方公尺的石塊滑入水庫，滿
溢的水立刻衝破水壩到下游城鎮，淹死 3000 人（圖 8.22）。

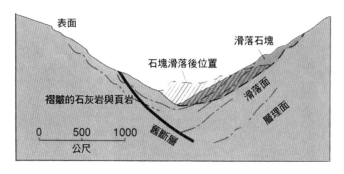

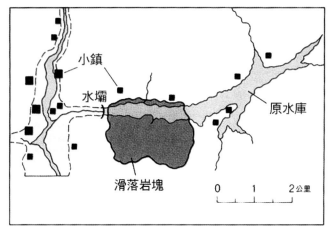

圖8.22 義大利的 Vaiont 水壩於 1963 年有超過 2 億 4 千萬立方公尺的石塊滑入水庫（上圖），滿溢的水衝破水壩，造成 3000 人死亡（下圖）

圖片取自 Carla W. Montgomery and Edgar W. Spencer, Natural Environment, McGraw Hill Custom Publishing

2. 委內瑞拉實例

河堤兩岸與氾濫平原過度蓋造的房屋，增加了洪水與土石流的危險性。

委內瑞拉的卡拉巴樂達市（Cara-balleda）便是如此，該市許多建築物建於氾濫平原上（圖 8.23）。1999 年

圖8.23 委內瑞拉的卡拉巴樂達市，許多建築物建於氾濫平原上

圖片取自 Carla W. Montgomery and Edgar W. Spencer, Natural Environment, McGraw Hill Custom Publishing

12 月，悲劇產生了，一次大雨造成了數千個岩屑崩，滑入山谷，洪水與土石流兩者交相肆虐（圖 8.24），造成 3 萬人死亡，許多建築物受損壞（圖 8.25）。很令人訝異的是，一些老式的建築，因為考慮洪水的可能性而墊高地基，結果受到的破壞很少（圖 8.26）。

圖8.24 1999 年委內瑞拉洪水與土石流的破壞

圖片取自 Carla W. Montgomery and Edgar W. Spencer, Natural Environment, McGraw Hill Custom Publishing

圖8.25 委內瑞拉的洪水與土石流使許多建築物受到損壞

⚡預防塊體運動措施

有許多地面上的改善或工程技術上的運用，可減少塊體運動之災害，以下逐一介紹之：

圖8.26 老式建築因升高地基，故倖免於難

1. 根本之道──遵循大自然的規律

⑴迴避掉天然土石流可能危害的區域，危地不居不用。

⑵儘快把因開發而破壞了的生態系復原過來。像一些道路開發所造成的傷害，也要以符合生態原則的方式，例如造林、植

生等儘量復原。工程方法有時是必須的,但常只是暫時性的
解決問題。

(3)限制高山經濟作物的種植及過度使用山坡地為建築或其他用
途。政府應訂定使用山坡地法規並須嚴格執行,以保護山坡
地。

2. 使用工程方法,以增進斜坡的穩定

以下是一些常見的技術層面的解決之道。

(1)改進斜坡,以增進斜坡的穩定:如果在斜坡上之物質,超過
其角度所能負荷,下列一些工程上的措施可改善之。

①減少邊坡坡度、高度。

②在山腳處堆加額外的支持物。(坡址填平)

③藉移除一部分在斜坡上之岩石和泥土,來減少斜坡上的負
重(圖 8.27)。(坡頂削平)

應力

A B

圖8.27 改進斜坡,可增進斜坡的穩定

圖片取自Carla W. Montgomery and Edgar W. Spencer, Natural Environment,
McGraw Hill Custom Publishing

(2)在容易產生岩屑崩或土石流處,作一些防護措施,例如:

①在山坡面鋪鐵絲網或以其他工程方法以保護斜坡(圖
8.28)。

②在一些交通要道建築隧道(圖 8.29)或掩蔽物(圖

8.30），以保障行車安全。

(3)使用穩定斜坡技術：使用一些固定斜坡技術如使用岩釘（rock bolts），以固定岩石斜坡，在某些地質使用時，效果非常顯著（圖8.31）。但在有些地質使用時，效果不明顯。

3. 固定山坡

如果山坡上沒有許多樹木，一些工程上的技術可強化山坡面，如在斜坡上舖以空心磚（圖8.32），也可對其壁面噴漿（水泥）（圖8.33），形成一保護膜，以防止雨水的沖刷，有穩固山坡之作用。但用水泥做的擋土牆，僅能暫時擋住泥土，可說是治標不治本。前面說過，山坡地的穩定性基本上與重量、水與斜坡三因素有關，所以表面噴漿，事實上根本沒有真正解決內部不穩定問題，一旦斜坡上重量超過剪力強度，反而成了不定時炸彈被引爆，所造成的土石流傷害與破壞將更加嚴重。

圖8.28 在山坡面舖鐵絲網保護斜坡
圖片取自 Carla W. Montgomery and Edgar W. Spencer, Natural Environment, McGraw Hill Custom Publishing

圖8.29 在交通要道上建築隧道

圖8.30 在交通要道上建築掩蔽物，以保障行車安全

在岩釘之上方
以螺帽鎖緊

打入岩釘，穿
過岩層以固定

圖8.31 使用岩釘以固定斜坡，效果不錯
圖片取自Carla W. Montgomery and Edgar W. Spencer, Natural Environment,
McGraw Hill Custom Publishing

圖8.32 在斜坡上鋪以水泥塊以固定山坡

4. 排出液體

　　如前所述在飽和水的岩石中充滿孔隙水壓，降低了岩石的剪力強度，造成斷層（引起地震）或山崩，故插入水管以排出岩石或泥土中的液體，可增加斜

圖8.33 對坡面噴漿只是治標不治本

坡的穩定（圖 8.34）。

5. 改善渠道

改善渠道與前述 2 至 4
點，均是傳統上常使用的
工程方法。改善渠道法，
不外乎抑制與疏濬。在上
游地區採用抑制方法，建
立溝谷的護坡。減少堆積
的土石，減少提供產生土
石流的物質。在中游地區，建
立攔砂壩（圖 8.35），攔砂壩的目
的是阻止較大顆粒物質，使崩塌
的物質不至被水流帶走，可減少
土石流所攜帶物質對溝谷的衝
擊。在下游地區，採用疏濬方
法，多建立渠道，使土石流有通
暢的通道得以宣洩，避免發生災
害（圖 8.36）。

6. 確認危險區域

在某個區域有塊體運動現象
時，它們通常會繼續再發生，確
認該區域過去發生的塊體運動紀

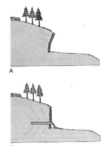
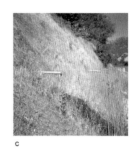

圖8.34 排出岩石或泥土中的液體，減少孔隙
水壓，可增加斜坡的穩定

圖片取自 Carla W. Montgomery and Edgar
W. Spencer, Natural Environment,
McGraw Hill Custom Publishing

圖8.35 在中游地區，建立攔砂壩

圖8.36 在下游地區，採用疏濬方法，
多建立渠道

錄並密切注意地面物體有無潛移（Creep）之現象（圖 8.37），將
有助於對災變有所預備並減少傷亡。在斜坡上樹幹斜向生長或傾斜

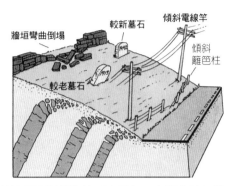

較新墓石　傾斜電線竿

牆垣彎曲倒塌　傾斜籬笆柱

較老墓石

圖8.37 樹幹斜向生長（左圖）或傾斜電線竿及傾斜籬笆柱（右圖），表明土壤在移動中

圖片取自Carla W. Montgomery and Edgar W. Spencer, Natural Environment, McGraw Hill Custom Publishing

電線竿及傾斜籬笆柱，表明土壤在移動中。牆壁或天花板破裂，門或窗戶擠塞，可能均由於土壤或房屋基礎變動，有可能是土石流將發生的徵兆（圖 8.38）。

圖8.38 牆壁或天花板破裂，可能是土石流將發生徵兆

7. 建立土石流預警系統

　　土石流預警系統是利用作大地測量常用的感測儀器，埋置在容易發生土石滑動的山區。當土質中滲入雨水而飽含水量時，會造成土石滑動，藉此可啟動感應系統預警裝置，即時發出警報，使山區附近的民眾可及時逃生。故在山區裝置土石流預警系統絕對必要，在急難時它可能是一條生命線（圖 8.39）。

圖8.39 埋置於容易發生土石流山區的預警系統，是一條生命線

8. 生態工法

　　生態工法（Ecotechnology）：係結合我們對生態系統的認識，在整治環境時，儘量保持生態系統結構的完整，避免對生態系統造成任何破壞。使我們能夠與自然環境互利共存。

　　使用生態工法，是因為許多傳統的工程方法，並未以整體性的角度來解決問題。例如前述在河川上游傳統方法的整治，卻造成下游更大負荷；對山坡壁噴水泥，在大雨來臨時卻可能造成更大破壞；同理一味的建築攔砂壩（圖 8.40），既花錢又非一勞永逸之計。如果應用生態工法整治土石流（圖 8.41），先從源頭利用生態方法截水，可防止土、水混合為泥漿，減少土石流來源；再從坡頂巡勘裂縫並利用當地土壤填補，有效防止崩塌及新的土、石材料形成，如此可減少土石流的發生。生態工法沒有一定的做法，解決問題均因環境而異，需要工程單位與生態學專家一同規劃，所以是一種集體智慧。

圖8.40 傳統攔砂壩不堪一擊
圖片取自http://eem.pcc.gov.tw/natural/
　　　　intro/intro_1/intro_1_2.htm

圖8.41 使用當地的自然材料整治源頭
　　　　防止土石流，既減少成本，也
　　　　營造出豐富的自然生態
圖片取自http://eem.pcc.gov.tw/natural/
　　　　intro/intro_1/intro_1_2.htm

1. 請解釋斜坡角度、物質、雨水三者與塊體運動有何關係？

2. 顆粒的大小與形狀，如何會影響斜坡的穩定？

3. 何謂觸發機制？它與塊體運動有何關係？

4. 為何地震也是產生塊體運動的因素？

5. 簡述塊體運動的幾種形式。

6. 台灣近年來為何常發生土石流？

7. 簡述預防塊體運動的措施。

8. 常見在山坡壁噴水泥漿的做法是否有效？

9. 為何在山區裝置土石流預警系統是非常重要措施？

10. 請解釋為何以工程方法解決塊體運動問題非一勞永逸。使用生態工法有何優點？

Chapter 9

冰川、沙漠地形與全球氣候演變

⚡前言

　　本章中我們要來研討另兩個營力——冰川與風力，及它們所造成的地表外觀與可能災害。有名的鐵達尼號事件是與冰山的流動有關；大陸華北近年來常有的沙塵暴與風的營力有關；冰川與沙漠地形雖不常見於台灣，但在地表上它們佔有了相當大的面積，是我們須關切的。

⚡冰川

　　冰川是極大體積的冰，藉著其自身重量及重力的作用，在地表上緩緩移動。因冰川都存在於高山與高緯度的寒帶地地區，為一般熱帶、溫帶地區所罕見。美國境內最富冰川景色之所在是在阿拉斯加州，阿拉斯加位在極地區；夏天晝長夜短，夜間僅 2～3 個小時，冬天則反是；阿拉斯加州境內有 10 萬條冰川（圖 9.1），佔地約 29,000 平方英哩。此外加州的優勝美地國家公園（Yosemite National Park），是冰川留下的自然景觀，是巧奪天工之傑作（圖 9.2）。

圖9.1 美國阿拉斯加州內冰川密佈

圖片取自 Carla W. Montgomery and
Edgar W. Spencer, Natural
Environment, McGraw Hill
Custom Publishing

圖9.2 加州的優勝美地國家公
園，是冰川地形，景色
優美

1. 冰川之構成

(1)形成冰川的基本條件非常簡
單，即積雪大於溶雪；也就
是每年下雪量大於雪的融化
與蒸發。大部分的冰川是與
極地地區極冷天氣有關；但
在熱帶或亞熱帶高山地區
亦有冰川存在。因為在潮
濕空氣中溫度隨高度每100
公尺下降 0.6℃，故在雪線
高度以上將終年積雪（圖
9.3）。

圖9.3 高山在雪線高度以上終年積
雪

圖片取自 Carla W. Montgomery and
Edgar W. Spencer, Natural
Environment, McGraw Hill
Custom Publishing

(2)當雪越積越厚，會逐漸凝結
成冰，其自身雪的重量會使
其往下壓縮，逐出空氣使雪重新結晶，成為顆粒較粗且較密

的結構，稱為粒雪（firn）或萬年雪；雪逐漸形成粒雪期間很長，須幾年甚或幾千年之久；最終它本身重量使它從高山上滑下，或從冰層最厚處往外移動；其移動速率很慢，大約每日移動幾十公分，最快不超過 1～2 公尺左右。

2. 冰川之型態

(1) 高山冰川或山谷冰川（又稱阿爾卑斯冰川，Alpine Glaciers）：這是今天世界上最多之冰川，佔了高山山谷地區很大面積（如圖 9.1）。

(2) 大陸冰川（冰原或冰被）：這種冰川佔據陸地相當面積（例如格林蘭與南極冰被，圖 9.4）。

圖9.4 南極的冰被是大陸冰川

3. 冰川系統

一個完整的冰川系統包括以下部分（圖 9.6）

(1) 積蓄帶（Zone of Accumulation）：其上冰川取得新的來源。

(2) 消耗帶（Zone of Ablation）：其下冰川因融化與蒸發而減少。

(3) 平衡線（Eqilibrium Line）：亦即雪線，是冰川表面積蓄與消耗相抵銷處（圖 9.5）。

(4) 前進（Advancing）：在冬季，雪降增加，融解與蒸發相對減少，冰川增厚並延展，此時冰川前進（圖 9.7）。

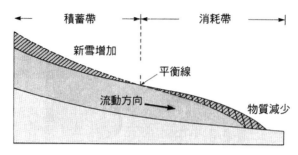

圖9.5 冰川的積雪與融雪在雪線達於平衡

圖片取自Carla W. Montgomery and Edgar W. Spencer, Natural Environment, McGraw Hill Custom Publishing

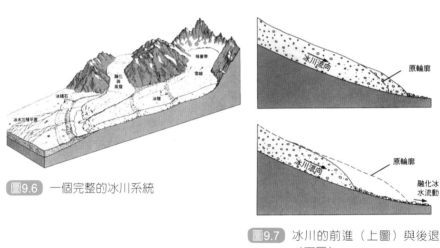

圖9.6 一個完整的冰川系統

圖9.7 冰川的前進（上圖）與後退
（下圖）

圖片取自Carla W. Montgomery and Edgar W. Spencer, Natural Environment, McGraw Hill Custom Publishing

(5)後退（Retreating）：在夏季，雪降減少融解加速，雪的消耗超過積蓄，此時冰川後退（圖 9.7）。

(6)冰隙（Crevasse）：在冰川上部表面常有裂縫，被稱為裂隙（圖 9.8）。

4. 冰川的侵蝕與沉積

(1)侵蝕作用：冰川含極大的質量與硬度，使它有極大侵蝕力量，冰川侵蝕的地形如下：

①U-形谷：極重的冰川會切割岩壁所形成的冰谷為U-形谷（與河流切割河谷成V形谷不同）（圖9.9）。

②條痕（striation）或刻槽：冰川的底部摩擦冰谷，作用如同砂紙作用於硬石壁上，留下了細而平行的刮痕，稱為條痕，條痕顯示了古冰川的流動方向（圖9.10）。

③磨蝕（Abrasion）：冰川藉著所攜帶的沉積物摩擦切割其底部平面，稱為磨蝕。

④拔（挖）蝕作用（Plucking）：當冰川移動時，底部若有凸出的石塊會被拔除，稱為拔蝕。

⑤冰斗（Cirque）：冰川源頭凹進，如同碗的形狀，是由於冰川在源頭處拔蝕造成（圖9.11）。

⑥刃嶺（Arête）：當高山冰川在山的兩側流動，高山的岩壁常被削成很薄的尖嶺，稱為刃嶺（圖9.12）。

圖9.8 冰隙

圖9.9 冰川切割岩壁形成 U-形谷，見於優勝美地

圖9.10 擦痕
圖片取自 Carla W. Montgomery and Edgar W. Spencer, Natural Environment, McGraw Hill Custom Publishing

圖9.11 冰斗
圖片取自 Carla W. Montgomery and Edgar W. Spencer, Natural Environment, McGraw Hill Custom Publishing

⑦角峰（Horn）：如果山嶺四圍均為冰川包圍，經過溯源侵蝕的結果，造成一金字塔型的尖峰，稱為角峰，如瑞士的馬特峰（Matterhorn）（圖9.13）。

(2)沉積作用：冰川非常有效的搬運與沉積沉積物，它造成了下列地形：

①冰磧物（Till）：沉積物直接由溶冰沉積而成，稱為冰磧物（圖9.14），它沒有經過淘選作用，故多為不規則形並含有大小顆粒不同的碎

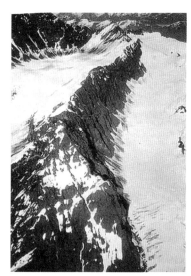

圖9.12 刃嶺
圖片取自 Carla W. Montgomery and Edgar W. Spencer, Natural Environment, McGraw Hill Custom Publishing

石與泥土。

②冰水沉積物（Outwash）：
冰川前端終磧前有融化的
水所攜帶流出的砂礫，堆
積在冰川前面的山谷或平
原中。

圖9.13 瑞士的馬特峰是一角峰

圖片取自Carla W. Montgomery and Edgar W. Spencer, Natural Environment, McGraw Hill Custom Publishing

③冰磧石（Moraine）：冰
川融化以後遺留在地面上
堆積的冰磧物被稱之冰磧石，
其中分為：(a)側磧（lateral
moraine）：在冰川兩側留下
的冰磧石（圖9.15～16）。(b)
中磧（medial moraine）：當兩
條側磧交會，成為一條時（圖

圖9.14 冰磧物

9.15～16）。(c)終磧（terminal moraine）：形成在冰川的
前端。當冰川開始後退時，會留下終磧，標明冰川所達最
遠位置（圖9.17～18）。

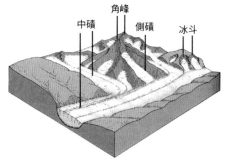

圖9.15 側磧與中磧

圖9.16 在阿拉斯加冰川中的側磧與
中磧

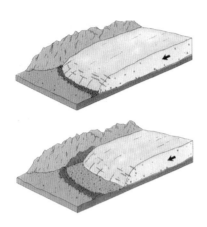

④漂礫（Erratic Boulders）：
是冰川後退時所留下巨大的
礫石（圖 9.19）。

風和沙漠地形

圖9.19 漂礫群（Boulder Train）

1. 大氣的對流模式

考慮地球自轉的柯氏力（圖 9.20）與大氣的冷熱對流，有不
少模式被提出以解釋地表大氣的對流現象，其中最符合地表現象
者為三胞對流模式（Three-cell Mode）（圖 9.21），下面為此模式
的內涵。

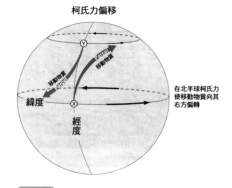

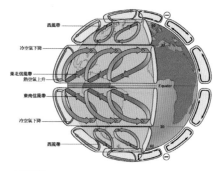

圖9.20 因地球自轉的影響，在地球表面上的觀測者會受到因觀測系統不同而產生的一個假力，稱為柯氏力，是一種因為地球旋轉而產生的錯覺，在北半球柯氏力使任何移動物體向右偏轉

圖9.21 地表大氣的對流現像，以三胞對流模式最能解釋各種地表現象

ITCZ 帶（熱帶聚合帶 Intertropical Convergence Zone）：因柯氏力大小與與 θ（緯度）成正比，柯氏力在接近赤道時的值接近為零。在南北半球盛行的貿易風會集於赤道，構成了 ITCZ 帶（圖 9.22）。在 ITCZ 帶因全為上升氣流，在高空冷凝成雨，該處雨量特多，故又是熱帶雨林帶。在近赤道上方風異常平靜，故稱為無風帶（doldrums）。

圖9.22 衛星觀測顯示，在赤道上方雲層密佈，稱為熱帶聚合帶

東北（東南）信風帶：信風又稱貿易風，因在赤道上升之氣流被其上的平流層壓迫，在 30°N 或 30°S 處再下降至地表（稱為馬緯度），並向東南或西北方向移動。該處因全為下沉氣流，故缺雨，是全球主要的沙漠所在。

中緯度西風帶：從 30°至 60°，柯氏力使風向東北（東南）

方向吹，構成盛行的中緯度西風帶。

極地東風帶：吹東北（東南）風從 60°到南北極。

亞熱帶噴射氣流（Subtropical jet）：在近赤道處上升之氣流，當達對流層頂時即向南北極流動，因柯氏力關係偏右，在對流層高處 20°N 與 30°N 之間成為高空強勁的西風，這道高空氣流稱為亞熱帶噴射

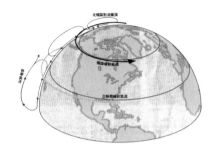

氣流（圖 9.23），在搭飛機時感覺最明顯（例如：飛美國去程較回程快）。

極鋒噴射氣流（Polar front jet）：中緯度西風帶與極地東風帶氣流交會於緯度 60°處，也構成了強勁的向東吹的噴射氣流，稱為極鋒噴射氣流（圖 9.23）。

2. 風的侵蝕作用

如同水，風也產生侵蝕作用，作用於沉積物和岩石上，但風的侵蝕作用不如其沉積作用重要。

風的侵蝕作用包括了磨蝕作用（Abrasion）與吹蝕作用（Deflation）兩種。

⑴風的磨蝕作用（Wind Abrasion）：是藉著風所攜帶的砂粒，對堅硬物體的表面所造成的衝撞，而磨損物體的表面，這種磨蝕作用可以造成建築物的損壞。

風磨石（Ventifacts）是岩石被磨蝕所形成多面的岩石，有時稜面可達 4～6 個之多（圖 9.24）。

(2)風的吹蝕作用（Deflation）：
地表的物質若是鬆動的，那麼經由風本身的吹襲，就可把大量物質，特別是顆粒細小的沉積物吹動並移去，這便是風的吹蝕作用。特別在沙漠化的地區，土質鬆軟、地面乾燥、地表沒有植被，當空氣不穩定及地面風速很大時，很容易將地表沙塵吹起，造成沙塵暴（圖 9.25）。當地面細小的塵沙被風吹走後，剩下的大石子因體積較大而難以被吹動，便形成一保護層，阻止了吹蝕的進行，在沙漠地區被稱為漠坪（Desert Pavement，圖 9.26）。美國在 1930 年代有幾年乾旱期間，農作物都死光，土壤露出地表，經雨水侵蝕及強風之吹蝕，使廣大區域之農耕地喪失，被稱為「灰盆時期」（Dust Bowl），成噸的泥土被強風吹起搬運到它處，掩蓋了許多房屋和農莊。

圖9.24 風的磨蝕作用形成風磨石

圖9.25 非洲蘇丹的沙塵暴（Dust Storm）

圖9.26 風的吹蝕作用造成漠坪

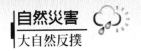

3. 風的沉積作用

當風搬運並沉積沉積物,便構成了沙丘(Sand Dune,圖 9.27)。一個典型的沙丘高從 3 公尺到 100 公尺,但 200 公尺高的沙丘也曾發現過。

圖9.27 沙丘

4. 沙丘的移動(Migration)

(1)如果風持續的向著同一方向吹,沙丘就會移動;一個沙丘通常在向風面呈緩坡,在背風面呈陡坡;風不斷「堆積」沙在沙丘頂端,並沿著陡面「滑落」(稱為滑落面,slip face),其坡面角度即第八章所說的休止角(Angle of Repose);此堆積和滑落的淨效應結果使沙丘順著風的方向向前緩慢的移動(圖 9.28~29)。

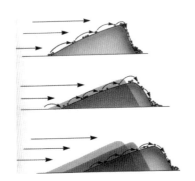

圖9.28 沙丘的移動,見本文解說
圖片取自Carla W. Montgomery and Edgar W. Spencer, Natural Environment, McGraw Hill Custom Publishing

圖9.29 圖中向前移動的沙丘,已經超出樹木生長的界限
圖片取自Carla W. Montgomery and Edgar W. Spencer, Natural Environment, McGraw Hill Custom Publishing

(2)沙丘的種類分為：①橫丘：和風向垂直發育沙量多，②縱丘：和風向平行發育，③拋物線丘：在植物較多處發展，④新月形丘：和風向垂直發育沙量少，⑤星丘：發展時風向不定。（圖9.30）

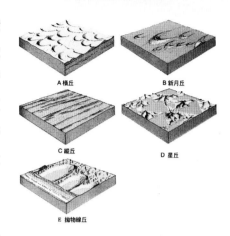

圖9.30 沙丘的分類：A.橫丘 B.新月形丘 C.縱丘 D.星丘 E.拋物線丘
圖片取自Edward J. Tarbuck and Frederick K. Lutgens, The Earth, Macmillan Publishing

(3)黃土（Loess）：黃土是土黃色不成層的沉積物，由細小而具有菱角形的礦物質長時間堆積而成（圖9.31）；黃土具有相當結合力，故常成垂直的土壁；黃土佔據地表十分之一面積；山西、陝西省居民多據黃土窯洞而居（圖9.32）。

圖9.31 黃土

圖9.32 陝北黃土窯洞

⚡沙漠和沙漠化（Desertification）

1. 沙漠形成的原因

世界上主要沙漠分布地帶見於圖 9.33，它們形成的原因如下：

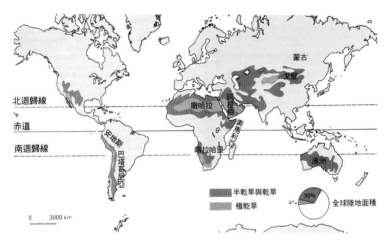

圖9.33 世界上主要沙漠分布地帶

圖片取自Carla W. Montgomery and Edgar W. Spencer, Natural Environment, McGraw Hill Custom Publishing

(1)受到全球對流模型的影響：大多數主要的沙漠均發生在大約 30°N 與 30°S 附近，因為在該處均為下沉的氣流特別發達，故乾燥缺雨。

(2)地形（Topography）也是控制降雨量一個重要的因素，在山的背風面（leeward side）通常構成一個降雨的陰影帶，故常形成沙漠（圖 9.34）。

(3)與海洋地理位置的遠近與否，也是構成沙漠的重要因素。

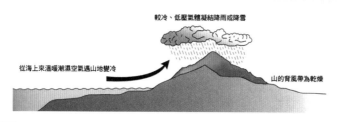

較冷、低壓氣體凝結降雨或降雪

從海上來溫暖潮濕空氣遇山地變冷

山的背風帶為乾燥

圖9.34 山的背風面構成一個降雨的陰影帶，也常形成沙漠

2. 沙漠化

這個名辭只限用於有些地區因人類活動的影響，導致該區在短期內變成了沙漠。

乾地（Arid lands）：指該區域之年降雨量少於 250 毫米（10 英吋）。

半乾地（Semiarid lands）：指該區域之年降雨量少於 250 毫米至 500 毫米間（10～20 英吋）。

「沙漠化」一辭並非指沙漠的前進或擴展（如撒哈拉沙漠），沙漠化是指一些地方由於農地使用方式之改變，致使原為乾燥的可耕地變成不可耕地，沙漠化通常與植被受到侵襲有關。巴西亞馬遜河流域，可能因熱帶雨林持續的被砍伐破壞，目前正面臨有史以來最嚴重的乾旱（圖 9.35）。

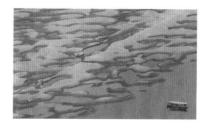

圖9.35 亞馬遜河正面臨有史以來最嚴重乾旱，圖中顯示亞馬遜河河畔乾枯情形

⚡地球過去與現今氣候比較

1. 氣候變遷之證據

　　地球上有許多地質紀錄，可證明地球過去曾多次發生氣候的變遷。^{18}O 與 ^{16}O 之比值特別證明這一點：研究 ^{16}O 與其穩定同位素 ^{18}O 時發現，^{18}O / ^{16}O 值的變化與過去海水的溫度有關。海水中 ^{18}O /^{16}O 被保存於有孔蟲（一種動物性浮游生物）殼的碳酸鈣成分中，在取沉積物的岩蕊中可測得，例如圖 9.36 中 ^{18}O / ^{16}O 值的變動，表明過去 50 萬年海水溫度曾多次變化。此外在南極或格林蘭所取得冰蕊中，也記載了 ^{18}O /^{16}O 值的變化。

　　為何 ^{18}O / ^{16}O 值表示過去海水溫度的變化呢？這是因為 ^{18}O 原子比 ^{16}O 原子重，海水中水分子（H_2O）同時含有 ^{18}O 與 ^{16}O，但要使含有較重的 ^{18}O 的水分子從海洋表面蒸發，需要較多的能量。同時隨著潮濕空氣向南北極流動並逐漸降溫過程（失去能量），含有 ^{18}O 的水分子比較容易因降雨而排出。因此天氣越冷，海水中含 ^{18}O 水分子越難得到能量蒸發，並且空氣中含 ^{18}O 水分子也更容易因降雨而排出，結果有更多較重的 ^{18}O 留在海水中，使海水中 ^{18}O / ^{16}O 值比平常高，而有孔蟲的殼只是忠實的記錄了這個長期的氣候變化而已，圖 9.36 中可看出在過去的 50 萬年之間至少有 5 次的海水變冷紀錄，這就是我們推論地球上有過冰期的有力證據。

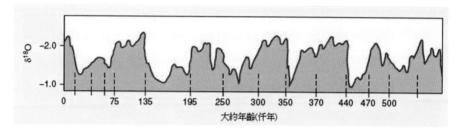

圖9.36 海水中 ^{18}O 與 ^{16}O 的比值,可以決定過去海水溫度的變化(見本文),而海水中 ^{18}O 與 ^{16}O 的比值被保存於有孔蟲殼的碳酸鈣成分中。圖中 $\sigma^{18}O$ 表 ^{18}O $/^{16}O$ 與標準值差異的千分率(‰),-1‰(千分比)表海水中 ^{18}O 的濃度較高,也就是當時的海水較冷,-2‰(千分比)是現今所見海水情形,表海水中 ^{18}O 的濃度較低,也就是海水較熱

圖片取自 Tom Garrison, Oceanography, Brooks/Cole Thomson Learning 4th Ed.

2. 地質史上的冰期(Glaciation)與間冰期 (Interglaciation)

當地球溫度下降,南北極冰被的擴張期稱為冰期(圖 7.12), 目前全球處於間冰期,故海平面逐年上升。冰期形成的可能原因:

⑴一說可能由於太陽黑子(Sunspots)的活動有週期性。

⑵也有人說由於大陸漂移:在原始大陸時大陸為一整塊,故洋流之對流更通暢(沒有任何阻擋),赤道附近熱水能更有效流到兩極,故全球溫度較低;原始大陸裂開後影響大洋對流。

⑶火山活動造成火山灰大量噴發,遮蓋了太陽的輻射。

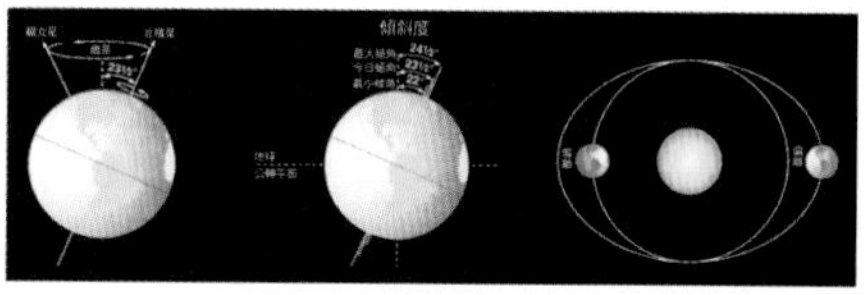

圖9.37 歲差

⑷歲差(Precession):如圖 9.37 中地球公轉軌道軸心傾斜,

其本身一如陀螺般繞著中心轉動（呈角度 22°～24.5°），在物理學上稱這種現象為進動，在天文學上稱這種現象為歲差，歲差之週期為兩萬六千年，與冰期之週期略為相近，歲差會影響地球的受熱多寡，所以可能與冰期及間冰期的造成有關。

3. 溫室效應（Greenhouse Effect）與全球暖化現象（Global Warming）

(1)二氧化碳（CO_2）和水汽（H_2O）有吸收熱能之功能，使空氣暖和，這就是溫室效應（圖 9.38）。甲烷（CH_4），二氧化氮（NO_2）與氟氯碳化物（CFCs）也都能吸收熱能，這些合稱溫室氣體。

圖9.38 大氣層內的溫室效應

(2)全球暖化：十九世紀始工業開發以後，大量燃燒汽油，產生二氧化碳：有許多數據證明全球暖化現象，這使海平面上升。下面是一些數據：

——2005 年是過去 400 年最熱的一年，平均溫度是 58°F，高於一個世紀前 1°F。

——從 1880 年至 2005 年的紀錄顯示，從 1990 年至 2005 年，有 10 年溫度列前 10 名。

——預測至 2100 年地表溫度將上升 1～3.5℃。

4. 全球暖化與氣候變遷

所謂氣候變遷是指因人類經濟活動的發展，導致大氣中溫室氣體的濃度增加，造成全球暖化、海平面上升、生態系統失衡，使生物數量銳減，並造成生物生存的威脅。1996 年聯合國氣候變化政府間專家委員會（Intergovernmental Panel on Climate Change, IPCC）的報告指出，人類活動所排放的溫室氣體，若不採取任何防治措施，全球平均地面氣溫於 2100 年時將比 1990 年時增加 1～3.5℃，海平面將上升介於 15～95 公分。我們現有的氣候模式仍無法預測二十一世紀的氣候，但有許多跡象顯示，全球暖化似乎已經開始對全球氣候產生一些變化，例如研究美國、瑞士、義大利的許多高山冰川顯示，大多數的冰川目前都在後退中；又如最近發現因冰棚逐漸融化造成北極熊溺斃大增，溺斃原因是由於浮冰不斷融化，北極熊被迫進行長泳覓食，因而體力衰竭；台灣高山上每年在 1、2 月才開花的山櫻花近幾年也出現提早開花的異常現象，有的甚至 8 月就已開花；國外許多學者還發現，兩棲類生物尤其屬於環境指標物種的蛙類，近年來種類有減少趨勢。此外南極與格林蘭冰棚（Ice shelf）碎裂，全球海水面上升，將迫使許多接近海平面城市無法再居住。還有許多事例說明全球暖化對氣候變遷的影響，相信未來會對全球帶來更大的衝擊。

5. 聖嬰（El Niño）與拉妮娜（La Niña）

⑴聖嬰（El Niño）

①定義：聖嬰（圖 9.39）是指赤道附近附近太平洋海水水溫週期性的變暖（圖 9.40）並導致氣候異常；每隔幾年到

近年底時發生，赤道太平洋營養貧乏的表面洋流往東流動，取代了表面較冷、營養豐富的海水；因為聖嬰發生的條件多半在近聖誕節時，故被稱為聖嬰（西班牙文神之子）。

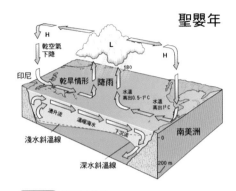

圖9.39 聖嬰現象
圖片取自 Tom Garrison, Oceanography, Brooks/Cole Thomson Learning 4th Ed.

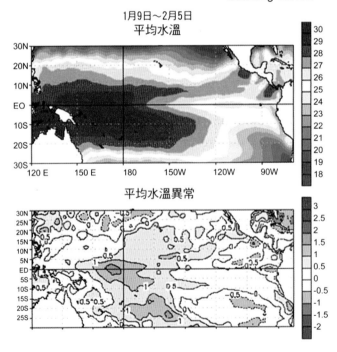

圖9.40 2005年1月9日至2月5日之間四週內赤道附近太平洋表面海水的平均水溫（上圖）與異常水溫（下圖）

②機制：在正常機制下（圖9.41），在祕魯外海之SSTs海

流是冷的，因海岸的湧升流（Upwelling）從深部被帶到表面，形成一個含豐富營養鹽的漁場。而在赤道太平洋西部的海水是熱的，往西吹的貿易風使海水在印尼附近堆積，致使其海水面比南美洲海岸高出二分之一公尺，並使海水較熱及帶來高降雨量。

③當聖嬰事件發生時，貿易風減弱甚至反向（由西向東吹）吹，前述正常機制改變（圖 9.42），因而使 (a) 在秘魯沿岸冷的表面海流被熱水取代，致使魚類大量死亡；(b) 印尼附近海水面下降，但太平洋東部海水面上升。

④這個海水較平常溫暖現象也影響全球氣候

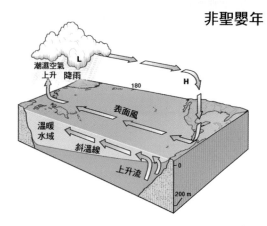

圖9.41 非聖嬰年，太平洋海水運作之正常機制
圖片取自 Tom Garrison, Oceanography, Brooks/Cole Thomson Learning 4th Ed.

聖嬰現象如何影響全球

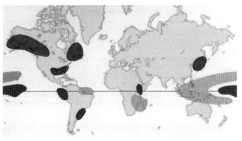

■潮濕　■乾燥　■溫暖　　　　　北半球冬季

北半球夏季

圖9.42 聖嬰現象造成全球氣候變化
圖片取自 Steven A. Ackerman and John A. Knox, Meteorology, Brooks/Cole Thomson Learning.

變化，有些地方因缺雨而成乾旱，有些地方因多雨而造成洪水（圖 9.43），例如 1997～98 年聖嬰事件造成長江流域水災及數十萬戶房屋受損。

⑵拉妮娜（La Niña）現象：指赤道附近東太平洋水溫異常下降的現象，並導致氣候異常。在聖嬰事件過後通常貿易風回歸正常；但如果貿易風過分強烈，則上述聖嬰機制反向運作，冷的海水向太平洋中部與東部移動；這個海水變得較冷的機制通常運作 9～12 個月，有時持續兩年。研究發現颶風發生次數多寡與該年是否為拉妮娜年有關，但兩者相關原因仍待更進一步研究。

Q&A

1. 冰川如何形成？

2. 請繪圖並說明一個完整的冰川系統。

3. 冰川的侵蝕作用造成那些地形？

4. 冰川的沉積作用造成那些地形？

5. 何謂冰磧物？它與河流的沉積物有何不同？

6. 請說明冰期與間冰期形成的可能原因。

7. 何謂噴射氣流？它對大氣有何影響？

8. 風的磨蝕作用與吹蝕作用造成那些地形？

9. 請簡述沙丘的種類與其形成原因。

10. 沙漠形成的原因有那些？

11. 何謂聖嬰與拉妮娜現象？請說明其機制。

Chapter 10

風暴

⚡前言

我們已經看過一些常見的自然災害，在本章與下一章中我們要看看幾個特別與天氣有關的自然災害，如颱風（颶風）、氣旋與反氣旋、雷雨、龍捲風、冰雹等等，本章中我們要來談談風暴。

所謂風暴（Storms），是指區域性大氣的擾動，產生了強烈的風、雨、雪、冰雹等等天氣的變化。風暴可以由鋒面風暴、溫帶氣旋和熱帶氣旋等面貌呈現。

⚡鋒面風暴（Frontal Storm）

鋒面風暴發生於兩種氣團交界的鋒面處，所謂鋒面是指兩種具不同密度之氣團的交界，通常它分別兩種具有明顯溫度或濕度差異之氣團。因它與鋒面有關，故此我們需要在這裡對鋒面作一點介紹。

鋒面帶（frontal zone）是指分別兩個氣團之間的斜坡（如圖 10.1），鋒面又因氣團經過某處時溫度之變化，分為冷鋒、暖鋒、滯留鋒、囚錮鋒等。在台灣常見的是冷鋒與滯留鋒，暖鋒與囚錮鋒比較少見。

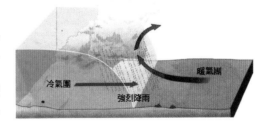

圖10.1 冷鋒

圖片取自Steven A. Ackerman and John A. Knox, Meteorology, Brooks/Cole Thomson Learning

227

1. 冷鋒

當冷空氣推向暖空氣，像尖楔一樣插入暖空氣下方並將其抬起，通常說來冷鋒的坡度比暖鋒陡。當冷鋒（寒流）經過時，溫度驟降氣壓急升，並且鋒面帶時常伴隨著雨雪（如圖 10.1），造成農作物凍損或養殖魚蝦死亡。

2. 暖鋒

當暖空氣取代較涼空氣，暖空氣爬升至較涼空氣上，其交界的和緩坡面稱為暖鋒。暖鋒移動的速度較慢，但常帶來雨量，甚至持續多日，沿著鋒面雲層的變化可見於圖 10.2。

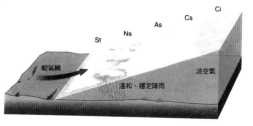

圖10.2 暖鋒。圖中雲層變化說明如下：St：層雲，Ns：亂（雨）層雲，As：高層雲，Cs：卷層雲，Ci：卷雲

圖片取自Steven A. Ackerman and John A. Knox, Meteorology, Brooks/Cole Thomson Learning

3. 滯留鋒

當暖鋒遇到阻礙或冷鋒無力前進，冷暖氣團相持不下時即形成滯留鋒，滯留鋒在暖空氣滑上一邊可以產生持久性霧、低雲和連綿性降雨。

4. 囚錮鋒

當冷鋒追趕上暖鋒時（圖 10.3(a)），冷暖氣團開始彼此混合，所產生的鋒面即為囚錮鋒，代表著風暴生命即將結束。有時在冷鋒後面的空氣還不及暖風前的冷空氣冷，因此形成暖鋒型的囚錮鋒（圖 10.3(b)）。

地表之囚錮鋒 地表之囚錮鋒

圖10.3 囚錮鋒的兩種形式 (a) 冷鋒型　(b) 暖鋒型
圖片取自Steven A. Ackerman and John A. Knox, Meteorology, Brooks/Cole Thomson Learning

台灣的梅雨

　　台灣的梅雨就是一種的滯留鋒，每年 5、6 月間台灣常出現多日細雨綿綿，偶而才天晴的天氣，此即台灣的梅雨季。台灣梅雨的產生是由於在此期間大陸冷氣團與太平洋暖氣團兩者勢力相當，故形成滯留鋒，滯留於華南及其沿海一帶；台灣地區在梅雨季節，當梅雨鋒面很活躍時，常出現中大型雷雨，持續時間可達數小時，有時帶來大量雨水造成災害。

⚡溫帶氣旋（Extratropical Cyclones）

　　溫帶氣旋因常產生於溫帶與寒帶之交界處，故被稱之溫帶氣旋，又稱溫帶低氣壓或中緯度氣旋。溫帶氣旋是一個反時鐘方向旋轉的低壓系統，直徑常超過 1000 公里，從西往東移動，持續幾天到一週左右時間（圖 10.4）。溫帶氣旋造成風暴通常發生於冬天，當溫度與密

圖10.4 在美國中部地區發展的一個大型的中緯度氣旋

度在交界處有顯著的差異時，其強勁的風速與帶來雨雪量如同鋒
面風暴。

1. 溫帶氣旋的發展（圖 10.5）

溫帶氣旋的產生經過一個發展過程，茲簡述如下：

⑴出生期（形成鋒面波）：此為氣旋形成時期，兩個具不同密
度（溫度）氣團向平行於鋒面方向，以彼此相反方向前進，
勢力相當如同兩軍對峙。

在適合條件下，分隔兩氣團間之鋒面產生大約數百公里長的
波的形狀，如同一方攻入它方造成缺口，有時繼續發展加深
擴大，此波形有時逐漸減弱最終消失，這個階段的發展稱為
出生期。

⑵青年期（open wave）：當鋒面波繼續發展，熱空氣向極區

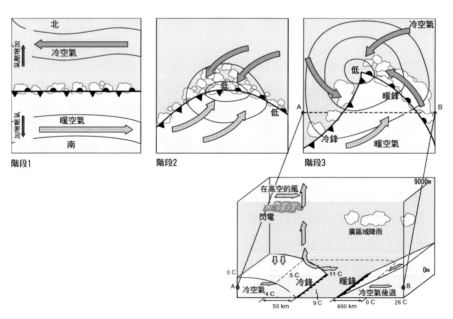

圖10.5 溫帶氣旋的發展過程

移動侵入冷空氣而冷空氣向赤道區移動，結果造成一個反時鐘方向的氣旋流動，明顯的顯示於氣象圖。

(3)成熟期（囚錮氣旋）：通常冷鋒前進的速度較暖鋒快，並且迅即將暖鋒包圍其中，這個過程稱之為囚錮（occlusion），並造成一囚錮鋒。當囚錮過程開始，風暴即強化，風暴中心氣壓降低，風速開始增強。

(4)死亡期（切斷的氣旋）：已經強化的風暴，其中心逐漸減弱，因為冷空氣被切斷於囚錮鋒，兩側氣旋無從再獲得能量而逐漸消失。

2. 溫帶氣旋的形成

如上所述，溫帶氣旋的形成開始於鋒面波，然後因熱氣團與冷熱氣團彼此的對峙，此鋒面波得以繼續發展擴大，但鋒面波之波形是如何產生的呢？一般來說它的產生可以來自下列諸因素：(1)地形的起伏（例如高山）；(2)溫度明顯的變化（例如相鄰的大陸與海洋）；(3)洋流的影響；(4)噴射氣流的影響（在前章中我們曾認識在中緯度附近高空有強勁的噴射氣流），這些因素都能干擾局部空氣流動造成鋒面波，氣象學家給予這個氣旋形成的理論一個特別的名稱——氣旋創世紀（Cyclogenesis）。在這幾個鋒面波形成的因素中，噴射氣流形成鋒面波，即高空氣流影響表面氣流變化的觀點，在下節熱帶氣旋的形成與削減的理論中還要再被提及。

3. 溫帶反氣旋

大氣中氣流運轉方向和氣旋相反的封閉環流，稱為「反氣旋」。因反氣旋多和高壓相伴，所以「反氣旋」一詞可和「高

「壓」通用。每當溫帶氣旋形成時（低壓），必同時有一溫帶反氣旋形成於溫帶氣旋系統外，作為它的互補。反氣旋的特點是：

⑴氣旋是低壓中心，多形成於近鋒面處，反氣旋是高壓中心，並無大區域溫度、濕度的顯著差異。

⑵低壓通常的天氣是多雲、潮濕和多風；高壓的天氣則多是晴朗、乾燥和平靜。

⑶低壓有一狹窄的中心並且等壓梯度很窄；高壓有一寬廣的中心並且等壓梯度很大。

⑷低壓通常只存在數日即消失；高壓可停留數週之久。

4. 溫帶氣旋與溫帶反氣旋的災害

溫帶氣旋常帶來強勁的風和雨雪，其每年發生數量雖然不多，但破壞性極強，故要嚴加注意。

1993 年 3 月美國及加拿大東岸發生一場強烈的氣旋風暴（圖 10.6），時速超過每小時 65 公里，鋒面帶超過 1,600 公里，300 萬人被切斷電力，在東北部帶來 10 吋的積雪並有 270 人喪生。因其大規

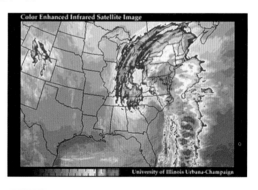

圖10.6 1993 年美國及加拿大東岸超級風暴

模鋒面的移動且其規模驚人，故有人稱之為「超級風暴」（Super Storm）或「世紀風暴」，鑒於全球暖化影響，未來這種超級風暴的發生的機率可能會增加。

反氣旋因是高壓系統，帶來的多是晴朗天氣，所以與本章所述風暴無關，但要注意的是此高壓中心常產生下沉氣流，在低空

造成溫度的反轉層，使污染空氣無法擴散，反氣旋與空氣污染細節請見第十四章。

⚡熱帶氣旋（颱風、颶風）

地球表面的海洋與大氣，藉著不斷的交互作用而彼此調節。在熱帶地區的海洋在夏秋兩季與大氣交互作用常產生一種劇烈的氣旋，因它們產生於熱帶，故學名稱之為熱帶氣旋（tropical cyclones）。在太平洋通常被稱之為颱風（typhoons），在大西洋被稱之為颶風（hurricanes），印度洋則以其原意命名為氣旋（cyclones）。每年六月起北半球即進入熱帶氣旋季節，一直到11月為止，許多熱帶氣旋常經過國家都在之前非常積極宣導人民作防風準備，以期減低風災損失。近年來可能受到全球暖化影響，全球熱帶氣旋似有逐年增多增強趨勢。

1. 熱帶氣旋的形成

在夏季特別是仲夏之後，熱帶海洋海水溫度升高，蒸發為水蒸氣，這種熱蒸氣密度較小，質量較輕，且因赤道附近主要為上升氣流，風的水平流動較少，所以水蒸氣迅而上升，而產生對流作用，繼而周圍冷空氣進來補充，周而復始最終形成一個低氣壓中心。

如上所述，熱帶氣旋的形成需無風、高溫、水蒸氣等幾個條件，詳述如下：

⑴廣大的水域：如此才有持續的水汽供應，洋面水汽上升，對流增強，使更多的水汽上升，如此反覆形成溫度較高且氣壓較低的中心。故熱帶氣旋的形成多在赤道海平面上（圖

10.7）。

(2)較高的洋面溫度：
海水面的溫度必須
達 26.5℃（80℉）
以上，才能有足夠
的水汽蒸發，供應
熱帶氣旋的能量，

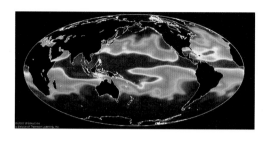

圖10.7 熱帶氣旋的形成多在赤道海平面上，水溫超過 26.5℃

而南美洲和非洲西外海，因水溫較低，不利熱帶氣旋形成。

(3)足夠的柯氏力：有足夠的柯氏力（柯氏力是氣流因受到地球
自轉影響，而發生的流動方向的偏轉），方能帶動水汽而
成低壓氣旋，形成熱帶氣旋環流。柯氏力大小等於 $2\omega\sin\theta$
（ω 是地球自轉速率，θ 是緯度），故赤道上柯氏力為零
（$\sin 0° = 0$），在
赤道附近不可能形
成熱帶氣旋，一般
多在南、北緯 5° ～
20° 之間形成熱帶
氣旋。

(4)大氣氣流的穩定：
熱帶氣旋形成時，
上方將相對的形成
反氣旋；此時若上
方的噴射氣流（jet
stream）太強，將不
利於熱帶氣旋的形
成（圖 10.8）。以

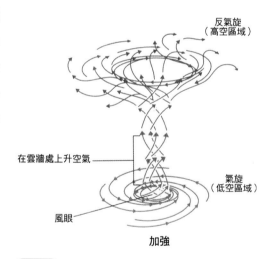

反氣旋
（高空區域）

在雲牆處上升空氣

氣旋
（低空區域）

風眼

加強

圖10.8 熱帶氣旋的形成需要上方有穩定的氣流，故當低空區域形成氣旋同時，高空區域能順利的發展反氣旋系統

圖片取自Steven A. Ackerman and John A.
Knox, Meteorology, Brooks/Cole
Thomson Learning

上條件只存在於夏季與初秋之間（6月～11月），故熱帶氣旋也只在此時期形成。

2. 熱帶氣旋的結構

(1)所有成熟的熱帶氣旋均有風眼（Eye）的結構，通常熱帶氣旋強度越強風眼越明顯，故氣象學家多以有無清晰風眼來判斷熱帶氣旋之風速大小及其是否發展已達成熟，並且風眼越小，風速通常也越強（圖10.9）。風眼的直徑一般為數十公里，從雷達影像觀測（圖 10.10）到的風眼似圓形的無雲區域，這是因為熱帶氣旋之中心為下降氣流，是整個熱帶氣旋內氣壓最低的地方，風力微弱或近似無風，有時還可看見太陽。在風眼中時切不可掉以輕心，因有時會有錯覺，以為暴風已經過境，

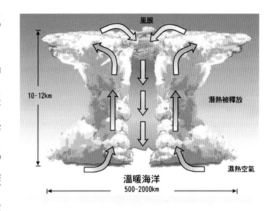

圖10.9 熱帶氣旋的結構

圖10.10 1989 年 Hugo 颶風衛星影像圖
圖片取自 Steven A. Ackerman and John A. Knox, Meteorology, Brooks/Cole Thomson Learning

殊不知後半圈暴風接踵而至。

(2)緊鄰著風眼，是一層很厚的雲牆（Eye Wall）環繞暴風中心向上延伸可達 20 公里高，一般平均高度約在 15～20 公里左右。在雲牆內風雨最大風速最強，是熱帶氣旋破壞最強所在，再向外風雨漸弱直至暴風邊緣為止（圖 10.9）。此外由雷達影像（圖 10.10）亦可看出在熱帶氣旋的北方的風速最強破壞較鉅，通常被稱為暴風的骯髒（nasty）部分，這是因為該處暴風前進速度與風速同向，故兩速度相加。

(3)反氣旋：熱帶氣旋形成時，在上方近平流層處將形成一個反氣旋或高壓中心（圖 10.8）；熱帶氣旋越強，此反氣旋或高壓中心也越強。當熱帶氣旋行至中緯度時因平流層處的噴射氣流較強，熱帶氣旋上方的反氣旋受到干擾，熱帶氣旋便逐漸減弱，這是熱帶氣旋消滅的主要因素。

3. 熱帶氣旋發展的階段

熱帶氣旋從成長到消滅會經過幾個發展的階段：

(1)熱帶擾動（Tropical Disturbance）：熱帶氣旋開始時規模很小，通常只有大雨與雷雨特徵，風速小低於 20 節（22.7 哩／時），並且也未形成低壓中心，這種擾動可看作是熱帶氣旋的種子。

(2)熱帶低壓（Tropical Depression）：大部分擾動至終都消滅，只有十分之一的擾動發展成一個微弱的低壓中心（約為 1,010 毫巴），稱為熱帶低壓，此時風速升為 20～34 節（22.7-38.6 哩／時）。一旦形成熱帶低壓時，氣象學家即開始密切注意它的發展與動態。

(3)熱帶風暴（Tropical Storm）：少數熱帶低壓繼續得到能量發

展成一個低壓中心（約為 1,000 毫巴），當風速達到穩定的 35 節（39.7 哩／時）時，一個新的熱帶風暴誕生並且被命名。

⑷颶風（或颱風）：約有半數的熱帶風暴會繼續加強，中心氣壓低於 990 毫巴，雷達影像顯示風眼構造，當風速大於 65 節（74 哩／時）即構成颶風（或颱風）。

熱帶氣旋的壽命大約只有一到二週，大部分熱帶氣旋在登陸或趨近冷的水域後會逐漸減弱能量並最終消失，但也有例外者，例如卡崔娜颶風在離開佛州時已減弱，但在墨西哥灣又獲能量而繼續發展成超級颶風。

4. 熱帶氣旋的路徑

熱帶氣旋在北太平洋所遇到的颱風大都是從北太平洋西部來的，發生的地點以加羅林群島附近至菲律賓之間的熱帶海洋上為最多，在北大西洋所遇到的颶風則多半是從東大西洋（西非海岸）、西加勒比海或墨西哥灣。

無論是形成於北太平洋或北太平洋的熱帶氣旋，都受到赤道附近東風影響而往西或西北方向以 10 節左右速度前進；約一週後達到中緯度，又受到盛行的西

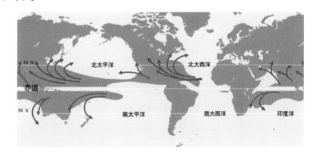

圖10.11 熱帶氣旋的路徑

風吹拂而轉向北或東北進行，產生拋物線狀軌跡；這是熱帶氣旋大致行進途徑（圖 10.11），當然每一個熱帶氣旋一旦形成後，其實際的行徑，會受周圍氣壓溫度影響而隨時作調整。

5. 熱帶氣旋的強度

熱帶氣旋的強度是由其風速來區分，氣象學家使用沙菲爾—辛普森（Saffir-Simpson）颶風強度尺度來定義颶風等級，如表10.1。

表10.1 Saffir-Simpson 颶風強度等級

等級	氣壓	風速	暴浪	損害
1	> 980 mb	74-95 mph (118-152 km/h)	4-5 呎 (1.2-1.5 m)	輕度
2	965-980 mb	96-110 mph (153-176 km/h)	6-8 呎 (1.8-2.4 m)	中度
3	945-964 mb	111-130 mph (177-208 km/h)	9-12 呎 (2.7-3.6 m)	強度
4	920-944 mb	131-155 mph (209-248 km/h)	13-18 呎 (3.9-5.4 m)	超強度
5	< 920 mb	> 155 mph (> 248 km/h)	> 18 呎 (> 5.4 m)	大災難

中央氣象局對颱風強度之定義，是依據其中心附近最大風速而定，其定義如下：

⑴熱帶性低氣壓：中心附近最大風速等於或小於每小時 33 浬（每秒 17.1 公尺）即等於或小於 7 級風。

⑵輕度颱風：中心附近最大風速每小時為 34～63 浬（或每秒 17.2 至 32.6 公尺），相當於 8 ～ 11 級風。

⑶中度颱風：中心附近最大風速每小時為 64～99 浬（或每秒 32.7 至 50.9 公尺）相當於 12～15 級風。

⑷強烈颱風：中心附近最大風速每小時在 100 浬（或每秒 51.0 公尺）以上，相當於 16 級或以上之風。

6. 熱帶氣旋的命名

有關熱帶氣旋之命名，由國際氣象組織（WNO, World Meteorological Organization）統一發布，最初多以英文女性姓名命之，1979 年始也加入了男性與西班牙與法國姓名，2000 年始在太平洋也加入了一些亞洲姓名，如此按字母順序排成多組名字（因發生區域不同可能 3 到 6 組名字），周而復始使用。一些曾發生的重大熱帶氣旋則被退休而從名單上剔除，例如 Andrew, George, Mitch 等，以免引起人不佳回憶，造成心中恐慌。

7. 熱帶氣旋警報

在台灣，每當颱風發生時，中央氣象局會適時發布颱風警報；中央氣象局發布警報之規定是根據當颱風之 7 級風暴風半徑在未來 24 小時之內將侵襲台灣或金門、馬祖 100 公里以內之海域時，即發布海上颱風警報；而當颱風 7 級風暴風半徑在未來 18 小時之內將侵襲台灣或金門、馬祖陸地時，即發布陸上颱風警報。

在大西洋，每當颶風發生時，在邁阿密的全國颶風中心（NHC, National Hurricane Center）即密切的注意颶風的發展並適時發布颶風觀察（Hurricane Watch）及颶風警報（Hurricane Warning）。NHC 對某地發布颶風觀察之規定是當颶風在未來 24 ～48 小時內可能會登陸該地，颶風警報之規定則是颶風在未來 24 小時內可能會登陸該地。

雖然熱帶氣旋警報的範圍只是一個機率可能性，真正發生熱帶氣旋所在可能只有警報範圍的三分之一，但鑒於熱帶氣旋危害之巨，一旦在某地發布了熱帶氣旋警報，該地居民必須立刻做防風準備。諸如儲水及乾糧、照明設備、汽車加滿油、門窗

裝上防風板等等工作,地勢低漥之處還必須遵照政府指示撤離
(Evacuation)。多一份準備必然少一份損失,切不可置之不理;
例如美國紐奧良市受到卡崔娜颶風摧毀,與政府單位準備不足很
有關係。

8. 熱帶氣旋的損害

　　熱帶氣旋造成的災害是極其巨大的,它帶來的災害來自以下
幾方面。

⑴風力:按前述
沙菲爾—辛普
森颶風強度等
級,颶風瞬間
風速是相當驚
人的,5 級的

圖10.12 1992 年安德魯颶風肆虐邁阿密市情形

颶風瞬間速度可達每小時 250 英哩,加上所攜帶的物質,相
當於 37 噸的重量撞擊牆壁,其力量可想而之,在北美大部
分房屋多是木造的,比較經不起颶風吹襲;常見颶風摧毀房
屋方式是先破壞門窗部分,一旦風進入屋內即進而掀掉屋
頂,最後再摧毀房屋每一部分。1992 年 Andrew 颶風損毀邁
阿密房屋 10 萬戶,造成財物損失約 300 億美金,影響可謂
不小(圖 10.12)。台灣因有中央山脈縱貫全島,而大部分
居民多分布於西部沿岸,受到中央山脈的屏障,加上房屋多
以鋼筋水泥建造,故在風力方面的損失比較輕微。

⑵雨水:熱帶氣旋帶來驚人的雨水,即使風力輕微的熱帶氣
旋也可能帶來大量雨水,造成洪水和土石流,風力影響多
半只在中心附近,而降雨卻是涵蓋整個暴風半徑方圓數百

公里，帶來諸多損害。1999 年 Floyd 颶風襲擊美國東部（圖 10.13），其風力只有 2 級，卻帶來大量雨水，淹沒許多房屋，造成北卡羅萊納州與紐澤西州 57 人死亡。又如 2000 年 11 月象神颱風帶來豪雨，造成台灣北部淹水及 64 人死亡，農業損失約 36 億。2001 年 9 月納莉颱風帶來豪雨，造成全省 94 人死亡，經濟損失 90 億元，

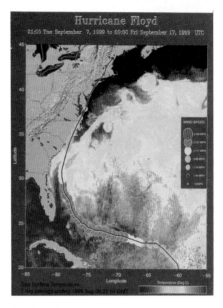

圖 10.13 1999 年 Floyd 颶風，帶來大量雨水，淹沒許多房屋，造成財物損失約 600 億美元

這些都說明了熱帶氣旋因驚人雨量造成的破壞。

(3)暴潮（Storm Surge）：熱帶氣旋中心氣壓甚低，可將海水吸起，使海面升高，當熱帶氣旋接近沿海時，由於水深變淺而造成地形對潮水產生堆積作用，導致海水倒灌造成嚴重災害，特別是對人畜的傷亡。由以往歷史上熱帶氣旋造成的破壞來看，熱帶氣旋造成人畜的死亡，90% 均由暴潮造成，例如，1994 年宏都拉斯發生颶風，有數千人死於暴潮。

(4)龍捲風：在熱帶氣旋侵襲期間，氣流相當不穩定，常產生空氣的渦旋運動，故熱帶氣旋發生時也常伴隨著局部的龍捲風；龍捲風破壞力極強，所幸龍捲風生命期較短，影響範圍較小，但也要密切觀察注意，以免受其危害。

9. 熱帶氣旋的預測（Forecast）

　　一旦偵測有熱帶氣旋，氣象學家即開始作計算機模型預測。這種預測是根據幾種不同的數學模型，以超大型電腦計算熱帶氣旋在5日內可能的幾種行進軌跡。NHC 的模型甚至可預測出暴浪程度。但因影響熱帶氣旋變化因素很多，有時模型的預測常和實際的軌跡頗有差距。

　　80～90 年代克羅拉多州立大學的比爾蓋瑞（Bill Gary）教授曾研究聖嬰現象與颶風之間關係。他根據聖嬰的週期、非洲撒哈拉以下區域降雨量，以及平流層底部風的方向等因素發展了一套預測模式，能預測該年颶風出現多寡（圖 10.14），這可

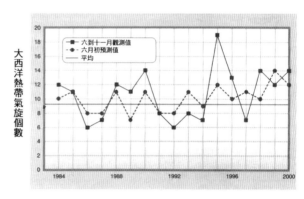

圖10.14 克羅拉多州立大學的比爾蓋瑞教授作出一套颶風個數的預測模式，預測值與觀測值非常接近

圖片取自 Steven A. Ackerman and John A. Knox, Meteorology, Brooks/Cole Thomson Learning

能是因為當聖嬰出現年，在亞熱帶的噴射氣流較盛，妨礙了熱帶氣旋的發展；反之，在拉妮娜（La Niña）年冬季海水變得較冷，該年颶風出現也較頻繁。

Q&A

1. 何謂鋒面風暴？它如何發生？

2. 台灣的梅雨季是在什麼時間？它如何形成？

3. 溫帶氣旋如何形成？

4. 溫帶反氣旋的特點是什麼？

5. 溫帶氣旋與反氣旋各帶來那些災害？

6. 熱帶氣旋的形成需要那些條件？

7. 請簡述成熟的熱帶氣旋的結構。

8. 熱帶氣旋的發展有那幾個階段？

9. 熱帶氣旋的路徑為何？

10. 中央氣象局對颱風的強度如何定義？

11. 熱帶氣旋帶來的災害有那些？

Chapter 11

雷雨、冰雹、龍捲風

⚡前言

　　每年 3、4 月起當氣溫逐漸升高,氣象報告便頻頻傳來雷雨特報,雷雨中偶而夾帶著冰雹與龍捲風。台灣春夏之雷雨常帶來超多雨量造成水災,落雷每年常達一、二萬次。美國每年內雷擊更達 4 千萬次之多,雷擊與龍捲風造成的傷亡也時有所聞,因此本章要來探討雷雨、冰雹、龍捲風等等由氣象造成的自然災害。

⚡雷雨

1. 定義

　　雷雨(學名稱雷暴)一如其名涵義,為一塊或一群產生雷擊、閃電或大雨的厚雲,有時也會造成冰雹與龍捲風。

2. 成因

　　雷雨源自於溫暖潮濕的空氣上升,所以雷雨盛行於熱帶海洋氣團、山區或來自鋒面風暴,茲說明如下。

　　⑴鋒面雷雨:由鋒面所造成的雷雨稱為鋒面雷雨,即前述鋒面風暴表現的一種形式,鋒面雷雨的形成是因為暖溼空氣被鋒面抬升,引起強烈對流而產生(圖 11.1)。雷雨常出現在鋒面附近,其發生時間並無一定,可出現在白天,亦可出現在夜晚,前述台灣春夏之際的梅雨,就是一種鋒面雷雨,常帶

來豪雨。民國 94 年
「六一二」水災嘉
南地區受到嚴重損
害即為一例。

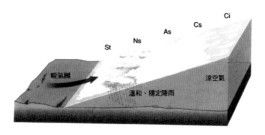

(2)氣團雷雨：由熱帶
海洋氣團所造成的
雷雨稱為氣團雷雨
（圖 11.2），主要
是由於地表的熱輻射造
成，時間多發生在夏天午
後，當溫暖潮溼的空氣受
熱上升，在高空遇冷凝結
成厚的雲層，並形成局部
氣流的不穩定，即發生雷
雨。這種雷雨多為局部且
短暫，造成的災害不如鋒

圖11.2 氣團雷雨

面雷雨嚴重。例如美國的佛羅里達州雷雨很頻繁，居全球之
冠，每年死於雷擊的人有十數位之多，即因一年四季溫暖並
四周環海，而有利氣團雷雨的形成。

(3)地形雷雨：由海上來的氣流遇到山脈被抬升，其所帶來的水
氣在高空遇冷凝結成雲，在山麓處降下豐厚雨量。台灣夏季
西南氣流由海上帶來的水氣，受到中央山脈的阻隔，在山區
容易造成地形雷雨。

3. 雷雨的分類與發展史

雷雨可由其危害程度或由其構造加以分類；例如美國的國家氣象服務中心（National Weather Service, NWS）定義劇烈雷雨（severe thunderstorm）為風速超過 58 哩／小時，或冰雹直徑達 0.75 吋以上，或產生龍捲風（圖 11.3）時。

圖11.3 超級胞雷雨，其下方有龍捲風產生

圖片取自Frederick K. Lutgens and Edward J. Tarbuck, The atmosphere, Prentice Hall 8th Ed.

雷雨的劇烈與否決定於它的構造。雷雨的基本構造單元為胞體（cell）；一個雷雨胞（或雷雨胞）為一塊密集的雲層其中有強烈垂直上升氣流。一般將雷雨胞分類為單胞雷雨、多胞雷雨、颮線與超級胞雷雨（Supercell Thunderstorm）等四種；一個單胞雷雨大小約幾公里，維持最多約一小時，超級胞雷雨則直徑較大並可維持幾個小時；茲略述各種雷雨胞及其生命發展史。

(1)單胞雷雨（Single-Cell Thunderstorm）：是單獨一塊的雷雨雲，是一般胞（對流性雷雨胞）（Ordinary Thunerstorm）的一種；單胞雷雨存在為時甚短（約一兩小時）且為局部範圍，它的生命史可分為三個階段（圖 11.4）：

①積雲期：在此時期內，胞體向側方成長，從直徑 2、3 公里發展至 8、9 公里；垂直方向至 8

積雲　　成熟　　消散

圖11.4 單胞雷雨發展的幾個階段

至 10 公里。雲頂處上升氣流最強，溫暖而強勁的上升氣流阻止了冷凝水滴的降落。

②成熟期：當雲內水滴和冰晶增長到上升氣流無法支持時，即開始降雨或下冰雹，這時雷雨胞達到成熟期（圖 11.5）。由於降雨及部分較冷空氣的滲入，局部胞體內醞

圖11.5 在成熟期時的單胞雷雨
圖片取自 C. Donald Ahrens, Meteorology Today, Brooks/Cole Thomson Learning 6th Ed.

釀一股強烈的下降氣流，但雲頂部分的上升氣流仍很強勁。成熟期是雷雨最強時期，閃電頻頻發生，亂流最劇烈，若有冰雹也在此時發生，成熟期約維持 15 至 30 分鐘。

③消散期：當下降氣流幾乎佔了整個胞體，因下降氣流阻斷了上升氣流，降雨逐漸減少；最後下降氣流也逐漸消失，只剩下閃電，而雲也開始瓦解（圖 11.6）。

圖11.6 單胞雷雨胞於其消散期
圖片取自 C. Donald Ahrens, Meteorology Today, Brooks/Cole Thomson Learning 6th Ed.

(2)多胞雷雨（Multi-Cell Thunderstorm）：大部分常見的雷雨均來自多胞雷雨，多胞雷雨是由幾個單胞雷雨所合成；也就是說，當一些單胞雷雨正逐漸消散時，其他的單胞雷雨正在

成長中；如圖 11.7～9 所示，當一個單胞雷雨正消滅時，因氣流的擾動，帶動另一個單胞雷雨的成長。

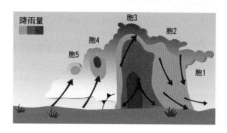

圖11.7 多胞雷雨圖解

(3)颮線（Squall Line）與乾線（Dry Line）：雷雨也常發生於颮線與乾線。

颮線，是雷雨推移線，就是一連串有組織有系統的雷雨胞，以排成一線的方式前進，通常是乾空氣與冷空氣相碰撞，例如圖 11.10 雷達影幕上顯示美國本土一道強烈的颮線，從密西根的底特律一直到德州的休斯頓附近；圖 11.11 是梅雨季節台灣附近的一道颮線。颮線是一道風暴線，通常都是雷雨，帶來強風豪雨，高度可達

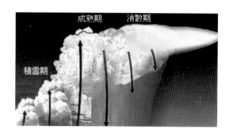

圖11.8 多胞雷雨實例一

圖11.9 多胞雷雨實例二，在中間部分雨勢很大，是雷雨胞達於成熟期部分

圖片取自 C. Donald Ahrens, Meteorology Today, Brooks/Cole Thomson Learning 6th Ed.

九千多公尺，範圍數公里，但有時可長達數百公里甚至數千公里。颮線通過之後，風雨立趨緩和。颮線常發生在天氣較為濕暖的春夏交接之際。

雷雨也可發生在乾線附近，所謂乾線是一個分別潮濕氣團

與乾燥氣團的邊界，是一條在水平方向濕度有很大落差的狹窄地帶，在德州附近熱帶大陸氣團與熱帶海洋氣團相遇，常形成乾線（圖11.12），為雷雨的交界線。沿著乾線其露點可每公里下降9℃（16°F），故乾線亦可看作露點的鋒面（圖11.13）。乾線在春季最明顯。

(4) 超級胞雷雨（Super-cell Thunderstorm）：超級胞雷雨是一種最危險的劇烈風暴，它比多胞雷雨更有威力，常伴隨著強烈陣風（gusts）、冰雹、

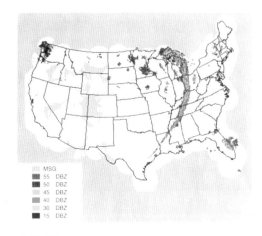

圖11.10 颮線實例一， 從密西根的底特律到德州的休斯頓附近

圖片取自 Steven A. Ackerman and John A. Knox, Meteorology, Brooks/Cole Thomson Learning

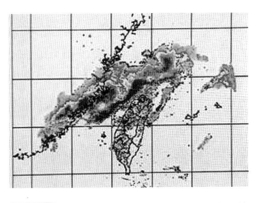

圖11.11 颮線實例二，在梅雨季節台灣附近的一道颮線

閃電、龍捲風、微爆流等劇烈天氣現象。它之被稱為「超級胞」是因為它的大小和多胞雷雨相當，但是其雲的結構、氣流和降雨等等，都呈現出一個單一的環流，其中包括了一組巨大的上升和下沉氣流，高度可達 20 公里，向兩側直

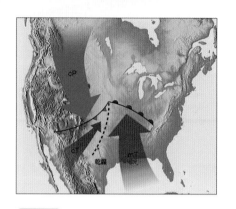

在美國德州附近熱帶大陸氣團與熱帶海洋氣團相遇，常形成乾線

圖片取自 Frederick K. Lutgens and Edward J. Tarbuck, The atmosphere, Prentice Hall 8th Ed.

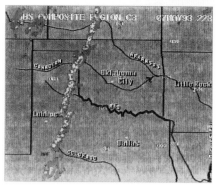

圖11.13 乾線實例，雷達影幕上顯示從美國阿拉斯加州到德州沿著乾線形成的一道風暴線

圖片取自 http://home.earthlink. net/~rhulecki/drylinetstorms/ Dryline.html

徑可達 20～50 公里，並可持續這種規模數小時，所以超級胞雷雨發生的天氣是非常可怕的（圖11.14）。美國一年所發生的超級胞雷雨不過二、三千次之多，佔全年雷雨總數量很小的比例，但所引起人員傷亡及財物損失比例卻極重。龍捲風是超級胞雷雨中常發生的現象，許多強烈的龍捲

圖11.14 超級胞雷雨

風都是由超級胞雷雨所引起的，國外天氣預報每當播報大雷雨時，常常也連帶播報龍捲風警報，原因便是如此。

(5)微暴流（Microburst）：微暴流是一種雷雨所形成的急劇下降氣流，它在距地面數百公尺且水平範圍 4 公里之內

發生，最大風速可達 146 節（75 公尺／秒），若其範圍大於 4 公里又稱為下衝風暴（Downburst）。這股強烈的下降氣流，當它碰到地面後向外散開並旋轉向上（圖 11.15），如同倒一桶水在地上，水碰到地面向四方濺開一般，其威力很大常被誤以為龍捲風，此種天氣系統即是微暴流。

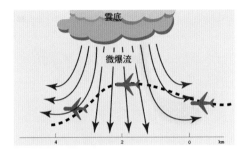

圖11.15 微暴流是一種在接近地表處急劇的下降氣流，常引起飛機在起降時的飛行事故

圖片改自 C. Donald Ahrens, Meteorology Today, Brooks/Cole Thomson Learning 6th Ed.

微暴流之風力可以吹倒樹木損毀建築，特別是影響飛機起飛降落時的安全，若飛機在起降時遇到微暴流而飛行員無法適時應變，很容易發生飛安意外。在圖中想像飛機在降落時遇到微暴流，飛行員首先遇到上升氣流，他必須調整機鼻向下以便維持航向，幾秒鐘之後他又遇到強烈下降氣流使飛機急速下墜，因機鼻已朝下，若飛行員來不及拉起飛機高度，而飛機與地面的距離很短，很快就會撞及地面墜毀。國內外已有相當多的飛機失事案例證明是因微暴流所引起的，所以在飛行安全上要特別注意。

⚡閃電與雷擊

1. 成因

閃電就是電荷的放電，在成熟期的雷雨胞中產生巨大的火花放電，閃電可發生在雲內、雲間或雲與地之間。

急遽的氣流為何在雷雨雲中產生靜電，其形成的原因目前仍無法充分了解，可能是因為雲中水滴的摩擦和分解。根據觀測，雲層的上端會攜帶正電荷，雲層的下端會攜帶負電荷，結果地面被感應成正電荷，雲和地之間的空氣成為絕緣體，阻止電流通過，但當兩端電荷形成的電壓差大到可衝破絕緣的空氣時，閃電就發生了（圖 11.16），雲層下端的負電荷被吸引加速趨向地表，因而產生火花放

圖11.16 閃電是一種巨大的火花放電

電。在放電的瞬間周圍的空氣被迅速加熱至 3 萬℃，使空氣膨脹爆炸發光，發光就是閃電，發出巨大的聲響，就是打雷。

大多數閃電都是連擊兩次。第一擊叫做前導閃擊（Stepped Leader），是一股較暗的帶電空氣，從雲直下到近地面處，它以高速前進並走走停停，形成一段段長約 50 公尺寬約 2.5 公分如樹枝狀充滿負電荷的途徑（圖 11.17），這一股帶電的空氣像一條電線，為第二擊建立一條導線。在前導閃擊接近地面的一剎那，一個強的電場已經形成，使地面的正電荷沿著這條導線跳上去，以中和其途徑上的負電荷（圖 11.17），於是就發生閃電和雷聲，這

是第二擊，稱為回擊（Return Stroke），一般人所感受到的光熱和聲響，事實上都是出於回擊。但整個過程並未結束，在第一次回擊後第二次前導閃擊又發生，但不再停停走走，而是沿著第一次的通路直貫而下並緊跟著回擊，這樣來來回回的過程通常有三四次之多，最多可達幾十次，都在不到一秒鐘內發生。

圖11.17 大多數閃電都是連擊兩次。第一擊叫做前導閃擊，是一股較暗的帶電空氣，為第二擊建立一條導線；第二擊稱為回擊，是地面的正電荷沿著這條導線上去中和其途徑上的負電荷，因此就發生了閃電和雷聲

2. 安全法則

閃電與雷擊是僅次於洪水的風暴災害，筆者居住佛羅里達州多年，有數次險被閃電擊中經驗，深深體會雷擊之害。以下是幾個避免雷擊的安全法則：

⑴最好立即進入室內，若不然進入封閉的金屬物內如汽車、卡車等，將窗戶關緊。

⑵切勿接近孤立而高大的物體如鐵塔、樹幹、電線桿等，這些是雷擊最喜歡選中的目標。

⑶避免停留在高處或空曠處，使你自己成為雷擊的目標。

⑷避免接近水域。

⑸不要接近金屬物及潮濕物，避免洗手、淋浴等。

⑹關閉所有正使用的電器如電話、電視、電腦等，以免造成雷擊通路。

⚡冰雹

1. 簡介

冰雹（圖 11.18）是從積雨雲中降落下來的冰塊或冰球，它的形狀大小不一，小的如豌豆或小碎片，大的可如高爾夫球或棒球大小，形狀為圓形，偶有不規則狀，大都由透明和不透明相間的冰層組成。因為它的重量和體積，故對人員和財物的損毀是很大的。

圖11.18 冰雹的體積，小的如豌豆或小碎片大小，大的可如高爾夫球或棒球大小

2. 成因

冰雹通常形成於凝固點即結冰高度以上，在積雨雲中某種形式的冰粒或任何微粒充當冰雹初形（embryo），並藉著在過冷水（supercooled）中吸附許多周圍小冰粒或水滴而長大——稱為合併作用（accretion），當冰雹之重量增加到上升氣流無法支撐時，就會開始下降。當積雨雲中有猛烈的上升和下降氣流（圖 11.19）時，冰雹有時被抬升到雲的上部，有時又降至雲的下部，當它被

抬到雲的上部時，就與過冷水滴碰合，結上一層不透明的冰層，當它降到雲的下部時，過冷水滴凍結較慢，冰粒上面又結上一層透明的冰層，如此上上下下，就造成許多透明冰層和不透明冰層相間的冰雹了。

⚡龍捲風

1. 簡介

龍捲風是一種範圍小、為時甚短但威力極強之空氣漩渦，通常直徑在 100 到 600 公尺之間，最大寬度不超過 1.6 公里（1 哩）。大多數龍捲風存在只幾分鐘，經過途徑不超過 7 公里（4 哩），但存在超過幾個小時，經過途徑幾百公里的大型龍捲風亦偶有所聞。龍捲風的風速極強，最大可達每小時 300 公里，是破壞力極大的天然災害（圖 11.20）。

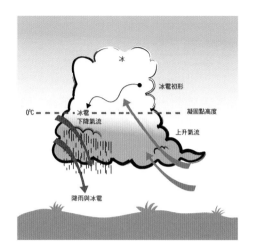

圖11.19 冰雹是積雨雲中猛烈的上升和下降氣流造成的

圖片取自 C. Donald Ahrens, Meteorology Today, Brooks/Cole Thomson Learning 6th Ed.

圖11.20 龍捲風

2. 成因

龍捲風常發生於大氣不穩定時，例如在強冷鋒和颮線附近，但最猛烈的龍捲風是由超級胞雷雨發展來的。前述這種雷雨胞高度的規模很大，高度可達 20 公里，並含巨大的上升和下沉氣流。

為何成柱狀的空氣會旋轉，原理氣象學家還不完全清楚。有一種可能是因為低空的風受到地面摩擦力影響風速較慢，因此在不同高度風速的不同，造成了風

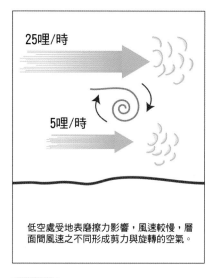

低空處受地表摩擦力影響，風速較慢，層面間風速之不同形成剪力與旋轉的空氣。

圖11.21 龍捲風的形成可能開始於風的剪力作用

的剪力（wind shear），這個剪力使成柱狀的空氣旋轉。圖 11.21 中在 300 公尺的低空風速為 5 哩／時，在 1,500 公尺的高空風速為 25 哩／時，層面間風速的不同形成了剪力與旋轉的空氣。

這一股旋轉的空氣是形成龍捲風的初階，若遇到雷雨胞中的上升或下降氣流則一分為二，右邊是反時鐘方向旋轉空氣，左邊是順時鐘方向旋轉空氣，反時鐘方向旋轉空氣被溫暖潮濕的上升氣流強化，發展成中氣旋（Mesocyclone），順時鐘方向旋轉空氣未被強化影響較小（圖 11.22）。此中氣旋是一低壓中心，如同塔狀風暴雲，其柱狀旋轉空氣直徑 5 至 10 公里，高度可至雷雨胞頂，一般在龍捲風現形前 30 分鐘左右都會有這種大的空氣漩渦。起初中氣旋直徑寬速度慢，但逐漸發展它會向垂直方向伸展，水平方向縮短並加快速度（如同溜冰表演者縮短手臂則轉速加快），向

下延伸構成一漏斗狀的雲牆稱為漏斗雲（funnel cloud），如果漏斗雲接觸地面，即被定義為龍捲風。

龍捲風如何形成

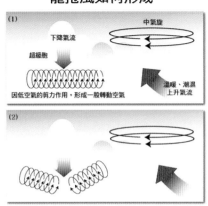

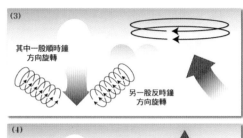

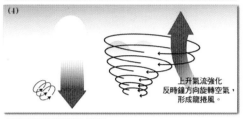

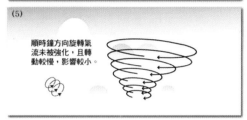

圖11.22 龍捲風的形成過程

圖片取自 Jack Williams, The weather book, USA Today 2th Ed.

3. 安全法則

　　龍捲風破壞力極強，因其極大的風速和氣壓差，可說是無堅不摧（圖 11.23），在台灣因中央山脈阻擋，很少發生龍捲風，颱風過後偶而也會發生規模小的龍捲風，但很少造成嚴重災害。在美國中西部或澳洲南部，每年平均發生二、三百次龍捲風，是主要的天然災害。

　　以下是幾個躲避龍捲風的安全法則：

1. 要注意龍捲風警報，通常發布在 30～60 分鐘前，以便有所準備。

圖11.23 龍捲風的威力很大，可說是無堅不摧

2. 儘量躲在低處，因龍捲風越接近地面風力越小。

3. 儘量躲在地下室或建築物底層。

4. 保護自己不被任何飛行碎片擊中，特別是頭部。

5. 在戶外若發生龍捲風，要立即尋求任何近處可得的庇護。

Q&A

1. 請簡述單胞雷雨的生命史。

2. 請簡述多胞雷雨的成長。

3. 何謂颮線與乾線？它對天氣有何影響？

4. 為何超級胞雷雨是一種最危險的劇烈風暴？

5. 微暴流是什麼？它對飛航的安全有何影響？

6. 請解釋前導閃擊與回擊。

7. 請解釋冰雹的成因。

8. 請解釋龍捲風的成因。

9. 請簡述龍捲風的威力。

10.躲避雷擊與龍捲風有那些安全法則？

Chapter 12

隕石

⚡前言

在已過的歷史上人類對隕石這個天外之星可說是充滿了害怕與好奇，隨著科學知識的進步，我們今日對隕石或稱流星已有充分的了解（圖 12.1）。隕石對於幾個過去難解的問題，諸如地球上生命的起源，地質史上生物幾次突然的滅種，小行星的成分與構成，太陽系的形成原因等等，提供了不可或缺的重要證據。

圖12.1 流星

彗星或隕石在中外都被看為不祥之兆，圖 12.2 為西元 1492 年 Ensisheim 隕石撞擊歐洲的繪圖，當時曾引起社會大眾極大恐慌。至於要發生隕石撞擊地球，造成人類重大傷亡的可能，如 6,500 萬年前白堊紀時代橫行地表的恐龍突然全體滅種事件，有無可能呢？

又如聖經啟示錄 6 章 16 節記載：「眾星要從天上墜落，天勢都要震動」，這種超自然可怕的災害，如果它果然發生了，其機率有多大呢？事實上每天都

圖12.2 西元 1492 年 Ensisheim 隕石撞擊歐洲，曾引起社會大眾極大恐慌

圖片取自 Brigitte Zanda and Monica Rotaru, Meteorites, Cambridge Univ. Press

有不少的隕石被地球的引力場吸引接近地球，摩擦大氣層燃燒而成為瞬間即逝的流星，也有少數燃燒未盡的隕石會穿過大氣層而撞擊地球；但是否有隕石的撞擊，其規模影響到地球上生物的存在，並且它發生的機率有多大？這是我們所關心的，也是本章我們所要討論的議題。

⚡隕石的成分

隕石按其成分可分為三類：1.鐵質；2.石質；3.石鐵質。大部分的隕石均具有磁性，野外標本鑑定是否為隕石多半須藉著磁鐵的幫助，如果一塊石頭不具磁性則多半它不屬隕石類。當然火成岩的石塊中含磁鐵礦，對磁鐵亦會有反應，所以在鑑別隕石時要小心不要被火成岩的磁性誤導。

野外採集的隕石標本多半會註記其重量（單位為公斤或公克），鑑別隕石的方法藉下列隕石的四個特徵：

1. 隕石樣本具有磁性，能吸引磁鐵，如上所述。
2. 隕石樣本通常有黑而薄並經高溫摩擦熔化過的表面。
3. 隕石樣本具有在高速飛行中造成流線型的形狀。
4. 隕石表面有許多類似指印形的小凹坑，稱為氣印（Regmaglypts），這是隕石與高溫氣流相互摩擦燃燒後留下的痕跡。

1. 鐵質隕石

隕石中最容易辨認是鐵質隕石，約佔所發現隕石的 5%，含大量鐵（5～50%）、鎳與少量之鈷等，來自小行星之外殼與中層。鐵質隕石有時外表顯出許多空洞部分，係其中硫化鐵成分被腐蝕

後所留下的痕跡（圖 12.3）。

2. 石質隕石

是隕石中最常發現的，約佔所有隕石的 94%，主要構成為矽酸鹽（如橄欖石與輝石等之成分），由 75% 至 90% 的矽質與少量鐵、鎳等金屬合成（圖 12.4）。

石隕石又可再細分為球粒隕石（Chondrites）和無球粒隕石（Achondrites），其中又以球粒隕石居多。球粒隕石的內部含著許多釐米大小的球狀結晶礦物如橄欖石和輝石等，稱為球狀顆粒（Chondrules）。無球粒隕石（Achondrites）缺少球狀顆粒，但是富含矽酸鹽，它們在地表比較少見。

3. 石鐵質隕石

為上述兩種之混合，這類隕石含量不多，約佔隕石中的 1%～2%，含橄欖石及大量黑色的鉻酸鹽（圖 12.5）。

肉眼鑑定隕石成分容易有誤，更準確的鑑定，需要使用偏光顯微

圖12.3 鐵質隕石

圖12.4 石質隕石

圖12.5 石鐵質隕石

鏡，先作岩石的薄片，然後在偏光顯微鏡下藉著觀察各種礦物在顯微鏡下偏光的特性，來準確鑑定隕石中各種礦物的成分（圖12.6）；如此可更準確判定所採集的標本是否為隕石，並知它是隕石分類中的那一種。

圖12.6 隕石的岩石薄片，在偏光顯微鏡下的成相

圖片取自Brigitte Zanda and Monica Rotaru, Meteorites, Cambridge Univ. Press

　　隕石所以會有上述三種不同的類別，主要與隕石的來源有關。如圖12.7我們可見小行星的剖面，它可分為三層：(1)外層為矽酸鹽礦物，它是石質隕石的來源；(2)中層為矽酸鹽礦物夾雜部分的鐵、鎳，它是石鐵質隕石的來源；(3)內層為鐵與鎳的核心，它是鐵質隕石的來源。如同地球內部的結構分層，小行星亦有上述簡易的層狀結構。

3. 高密度的鐵鎳核心，產生鐵質隕石

2. 中間層為矽酸礦物夾雜鐵與鎳，產生石鐵質隕石

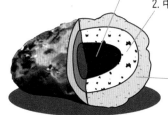

1. 外層為矽酸鹽礦物，產生石質隕石

圖12.7 小行星的剖面可分為三層，其成分如圖中所列
圖片取自Mike D. Reynolds, Falling stars, Stackpole Books

⚡隕石穴的構造

　　隕石撞擊地表其威力是驚人的，最明顯的是它留下許多隕石穴。今天在地球表面有 150 座可以辨認的隕石穴，並且每年約有 5 個新的隕石穴被證實。大多數隕石穴年代都相當新，但也有少數年代久遠的隕石穴，最老的隕石穴發生在南非，年齡已有 20 億年。隕石穴的直徑範圍小至 15 公尺（堪薩斯）到大至 250 公里（安大略）。隕石穴的形狀較小的比較簡單多呈碗狀，較大的隕石穴其形狀較複雜。這 150 座隕石穴只是許多隕石穴殘餘下來的僅存代表，事實上地表曾有的隕石穴數目原不只這些（想想看月球上約有 30 萬個隕石穴），因地球板塊運動造成的火山活動與地表強烈的風化與侵蝕作用，大部分隕石穴構造都已被消滅。

　　今介紹幾個較具代表性的隕石撞擊：

⑴西伯利亞的 Tunguska 爆炸：1908 年 6 月 30 日，在蘇俄西伯利亞的 Tunguska 發生一次大爆炸。當時該處有幾位目擊者看見天空中的火球爆炸，此爆炸產生震波（shock wave）傳播甚遠，甚至遠在土耳其也有人聽見爆炸聲。因西伯利亞人煙稀少，事件發生後幾個月才陸陸續續有探險隊及科學家抵達現場，發現該爆炸的威力驚人，幾乎有 2,100 平方公里的森林受損，接近爆炸中心方圓 100 平方公里半徑內樹木完全倒塌（圖 12.8），科學

圖12.8 1908 年 6 月 30 日，在蘇俄西伯利亞的 Tunguska 發生一次神秘大爆炸，方圓 100 平方公里半徑內樹木完全倒塌

家估計此爆炸威力相當於 1千 5 百萬噸黃色炸藥引爆。稀奇的是，在爆炸現場卻看不到隕石穴，但許多陸續收集的證據，例如在一些樹幹中發現植入的隕石碎屑及目擊者的說辭，大概可了解可能是一種 Chondrites 石質隕石，在空中距離地面

圖12.9 1908 年蘇俄西伯利亞的 Tunguska 大爆炸，事隔近一百年後，該處森林大多已恢復，只留下一些倒塌樹木是為該次事件的痕跡

約 6 公里處就爆炸解體，隕石的直徑大約 30 公尺。事隔近 100 年，該處森林大多已恢復，只留下一些倒塌樹木是為該次事件的痕跡（圖 12.9）。

⑵美國 Arizona 的隕石穴：美國 Arizona 州的隕石穴，位於 Arizona 州北方，是目前地表保存最完整的隕石穴，事件發生於上次冰期約 5 萬年前。根據推算該事件為直

圖12.10 美國 Arizona 州有一個直徑 1.25 公里長的隕石穴

徑 50 公尺的鐵質隕石撞擊地表所造成，撞擊的威力相當於 2 千萬～4 千萬噸黃色炸藥引爆，並撞出一個直徑 1.25 公里長的隕石穴（圖 12.10）。如同前述西伯利亞 Tunguska 的爆炸，其震波銷毀周圍 9.5 半徑公里內所有動植物。雖然這兩次隕石撞擊都造成方圍幾百平方公里的損毀，但其破壞仍是局部的，幾十年後所有損傷都會恢復，比較嚴重的是那種較大型的隕石撞擊，它的影響是全球性的，甚至會造成生物的

絕種。

(3)墨西哥的 Chicxulub 隕
石撞擊：在 6500 萬年
前有一直徑約在 10 公
里大小的隕石撞擊墨西
哥的 Chicxulub 處（圖
12.11），撞擊的威力相
當於 100 兆噸黃色炸藥引
爆，撞出的隕石穴直徑約
100 公里，造成火災、海
嘯、超級風暴、酸雨、地
震、火山等活動，
最終火山碎屑、灰
塵遮蓋陽光達數月
之久，地球氣溫下
降，恐龍（大多肉
食者）因不能取得
足夠食物而絕種，
此外約 75% 的生物
亦同時絕種。這次
隕石撞擊地點因在
海洋，所以隕石穴
構造已被深海沉積
物填平，但撞擊拋
出物卻落在許多陸地範圍（圖 12.12），成為隕石撞擊事件
的主要證據（見下節）。類似這種大量生物絕種事件在地質

圖12.11 在 6500 萬年前有一直徑約在
10 公里大小的隕石撞擊墨西
哥的 Chicxulub 處，造成火
災、海嘯、超級風暴、酸
雨、地震、火山等災害

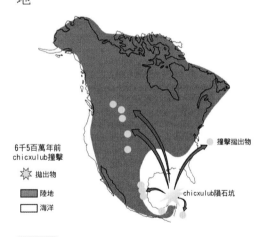

6千5百萬年前
chicxulub撞擊
✳ 拋出物
■ 陸地
□ 海洋

撞擊拋出物
chicxulub隕石坑

圖12.12 Chicxulub 撞擊事件，隕石穴構造已
被深海沉積物填平，但撞擊拋出物卻
落在許多陸地範圍，成為該次撞擊事
件的主要證據

圖片取自 Carolyn Summers and Carlton Allen,
Cosmic Pinball, McGraw Hill

史上還有 4 次，分別在奧陶紀（4 億 3 千萬年前）、泥盆紀
（3 億 5 千萬年前）、二疊紀（2 億 2 千 5 百萬年前）、三
疊紀（2 億年前），但其他幾次都不像 Chicxulub 事件有這
麼多證據顯示它與隕石撞擊有關。最近又發現在始新世一次
隕石撞擊事件（3 千 4 百萬年前）與北美洲大量生物滅種時
間完全吻合，因此在地質歷史上至少能找到兩次隕石撞擊造
成大量生物滅種，關於隕石撞擊與生物絕種關係的研究，相
信未來還會更加多。

⚡隕石的來源

曾有很長時間，學者對於隕石的來源議論紛紛，有的說是來
自太陽系中的塵埃，有的說是來自彗星，現在普遍均認為小行星
是隕石的主要來源。

小行星發現的經過有一趣味的記載：當西元 1776 年刻卜勒
（Kepler）藉觀察行星運轉的紀錄及其規律發表了刻卜勒三定律，
牛頓又根據刻卜勒定律推導出萬有引力定律。一時天文學觀測蔚
為風潮，許多人均致力於行星的觀察。1772 年德國天文學家柏德
（Johann Bode）觀察太陽系行星的公轉時，發現了一個有趣的現
象，即各行星公轉半徑關係（表 12.1）可化簡為一個簡單的數學
公式後來被稱為定律，此公式表示如下：

$$R_i = 0.4+0.3*2^n \text{ AU}$$
$$i = 0, 1, 2, \ldots\ldots$$

表12.1 行星至太陽距離與週期

名稱	平均至太陽距離			旋轉週期	
	柏德定律	天文單位	百萬哩	公轉	與地球會合
水星	0.4	0.39	36	天 88	天 116
金星	0.7	0.72	67	255	584
地球	1.0	1.00	93	365 1/4	
火星	1.6	1.52	142	687	780
穀神星	2.8	2.77	257	年 5	467
木星	5.2	5.20	483	12	399
土星	10.0	9.54	886	29	378
天王星	19.6	19.18	1783	84	370
海王星	38.8	30.06	2794	165	367
冥王星		39.52	3670	248	367

公式中的 AU 為天文單位（Astronomical Units），即地球公轉軌道半徑。這個定律後來被稱之為柏德定律（Titius-Bode law），例如水星為 0.4 AU，金星為 0.7 AU，地球為 1 AU，依此類推（海王星除外）。

該定律甚至預言了天王星的存在並於 1781 年被發現，唯柏德定律在 2.8 AU 處（火星與木星間）卻少了一個行星。1801 Piazzi 終於在該處找到了第一顆 Ceres（希臘文「穀神」之意）行星，以後陸陸續續經兩個世紀共被發現在該處有幾萬顆，有 9000 顆已被命名並編號；例如 Ceres 為 1 號，Ida 為 243 號，Toutatis 為 4179 號等等。大的直徑可達數百公里，例如 Ceres 最大，直徑為 913 公里；Pallas 與 Vesta 直徑均 500 公里左右；Juno 直徑也有數百公里。約有 220 顆大於 100 公里，有 1 萬顆大於十公里，有 752,000 顆大於一公里，有兩千八百萬顆大過於一個足球場。這些小的行星充斥於火星與木星之間，我們把這些發現的大大小小行星，統稱為小行星（Asteroid 或 Minor Planet）。

　　小行星是如何形成的呢？最初天文學家都以為它是來自一個完整的星球，後被外來星球撞擊成許多碎塊；但近年來更多證據的發現，都傾向於解釋這些小行星是出自一個流產不能成形的星球。在第二章我們曾提及約在 50 億年前太陽系成型初期，太陽系間充斥著許多氣體物質與碎屑，藉合併作用（accretion），較小的物質逐漸附合為較大的物質，最後定型為太陽系的行星，這個聚合作用過程約為 5 千萬年～7 千萬年之久，最終太陽系成型。天文學家認為，在小行星軌道附近由於木星龐大的體積與質量，使得小行星附近物質在聚合作用形成行星過程中受到阻礙，許多物質被木星強大的引力場吸引而去，結果使聚合作用流產，只留下了許許多多殘餘的物質與少數較大的小行星如 Ceres、Pallas、Juno、Vesta 等等。

⚡恐龍的消失

　　在地球漫長的歷史中，最引人注目的就是恐龍的消失。恐龍活躍於中生代的侏羅紀（192Ma～136Ma）到中生代的白堊紀與新生代的第三紀左右（65ma），在歷史舞台上活躍達一億年之久（圖 12.13），然後突然間全體消失，地質學家稱為 K-TExtinction。（K 指白堊紀 Kreide chalky 沉積層，T 指 Tertiary 第三紀）。

　　恐龍為何突然間全體消失？曾有多種學說提出，但以 1980 年 Luis

圖12.13 大型的恐龍化石

Alvarez 與其子 Walter Alvarez 兩人提出之隕石撞擊說最有說服力，也普遍為大眾接受。在 6500 萬年前有一隕石（直徑 6〜15 公里）撞擊地球，造成火災、海嘯、超級風暴、酸雨、地震、火山等活動，最終火山碎屑、灰塵遮蓋陽光達數月之久，地球氣溫下降。恐龍（大多肉食者）因不能取得足夠食物而絕種。

　　隕石撞擊說圓滿解釋了恐龍滅絕之謎，但這個學說的成立也是經過許多學者的驗證及證據的支持，以下是幾個比較有力的證據，即在白堊紀與第三紀相接的岩層中，發現許多高溫高壓下才產生的物質，這些物質包括銥、微石英、微鐵毛礬石、變形的錐狀體等，茲略述如下：

1.　銥含量：銥含量在地殼表層內含量極微，一般只有 0.3 ppm，（ppm 意為百萬分之一）。在中生代和新生代的地層界面，銥的含量卻相當於一般含量的 30〜200 倍。因銥元素只有在高溫高壓下才會產生，由此可見當時曾有巨大無比的天體與地球相撞擊。撞擊的即時後果與後續災變，導致恐龍及當時所有其他物種之 75% 同遭滅絕。

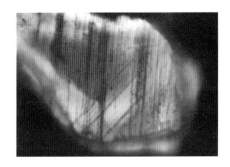

2.　微石英（shock quartz）：微石英係在極度高壓下產生，帶有衝擊波痕跡的石英顆粒（圖 12.14）。

圖12.14 微石英切片，微石英係在極度高壓下產生，帶有衝擊波痕跡的石英顆粒。在白堊紀與第三紀相界的岩層中，發現許多微石英，說明可能曾有天體與地球相撞

圖片取自 Brigitte Zanda and Monica Rotaru, Meteorites, Cambridge Univ. Press

3.　微鐵毛礬石（Microtektites）：是一種非常小型類似玻璃的顆粒狀礦物，它是

因為高速撞擊時產生高熱將岩石融化後再結晶而成。

4. 變形的錐狀體（shatter cones），岩石在瞬間受到高壓而產生的特殊形變。

⚡隕石撞地球

小行星撞擊地球並造成毀滅性的破壞有可能嗎？發生在白堊紀恐龍遭毀滅事件有可能再發生嗎？一顆直徑約數公里的小行星，若被地球引力場吸引，將撞擊地球造成其氣候變遷，並導致生物毀滅；如前節所述，直徑大於十公里小行星約有一萬顆，其中任何一顆撞擊地球其毀壞都是相當可觀的，它們撞擊地球機率有多大呢？

1992 年 Toutatis 小行星曾非常接近地球，距離地球約 360 萬公里，天文學家估計數十年後它會再訪並更接近地球。2006 年 7 月一個命名為 XP14 直徑約 0.8 公里的小行星，差點險撞地球，距離地球為 43 萬 2 千餘公里，約是月球與地球平均距離的 1.1 倍。天文學者認為，具毀滅性的小行星撞擊地球是可能的，下列是幾位天文學者所作估計：Richard Grieve 與 Gene Shoemaker 估計，一顆小行星撞擊地球造成直徑大於公里的隕石穴，其機率為每百萬年一次：Gerhard Neukm 與 Boris Ivanov 由月球上隕石穴資料估計，造成直徑約一公里的隕石穴，其機率為兩千年一次；造成直徑約 10 公里的隕石穴，其機率為 26 萬年一次；造成直徑約一百公里的隕石穴，其機率為兩千七百萬年一次。

在隕石撞擊一節我們已經討論過隕石撞地球的可怕性，一顆直徑大於 10 公里的隕石撞擊，可以造成大量生物死亡與全球氣候變遷。我們也看過根據天文觀測估計直徑大於一公里的小行星約

有 75 萬顆，直徑大於 10 公里的小行星約有 1 萬顆，其中任何一顆撞擊地球其毀滅性都是可觀的，然而為何地球上並不常見此天外來客？其主要原因是由於木星強大的引力場。由於木星重力的吸引，每當小行星靠近木星，即被木星引力場吸引，故木星充當太陽系的吸塵器，將那些趨近的小行星吸收，使地球免於災難；若不是木星引力場的作用，地球上將不是幾十萬年才有隕石撞擊，而是每幾百年、幾千年便有隕石撞擊，使地球不適於生物的生存，就如月球上千瘡百孔一般。但這並不是說未來隕石撞擊沒有可能，因機率本身就代表一種可能性，它可能發生在明天、明年或任何時候，因此在未來一顆較大的隕石撞擊地球，造成大型災難是有可能的，就是今天最精密的天文觀測或計算，也無法給我們具體的答案說明天會怎樣，人類對未來要發生的事仍是未可知的。

1. 隕石按其成分可分為那幾類？

2. 鑑別隕石的方法有那些？

3. 請略述小行星的結構。

4. 請略述隕石穴的構造。

5. 小行星是如何被發現的？

6. 小行星是如何形成的？

7. 目前已發現的小行星有多少顆？大小如何？

8. 隕石撞擊造成了恐龍的滅種，有那些證據支持呢？

9. 你認為在未來，隕石撞擊地球造成毀滅性的破壞有可能嗎？

Chapter 13

能源危機

⚡前言

在本章中我們要討論一個重要的題目——能源危機；這是今天人類社會面臨的一個嚴肅的課題，我們要從各種能源的儲藏及使用年限來探討能源危機及各種可能的解決方案。

在現今工業與科技時代裡我們最倚賴的能源是化石燃料——石油、天然氣與煤，因這三者是由動物或植物演化而來，故被稱為化石燃料，這些天然存在的化石燃料都在漸漸趨於枯竭中，所以本章我們也探討其他能源，及它們未來取代化石燃料的可能性。

石油在十九世紀被作為煤油（kerosene）用途，但自二十世紀內燃機發明起，石油工業便爆發性的發展起來，現今這個高度倚賴石油與天然氣的能源趨勢有增無減（圖 13.1）。但石油與天然氣

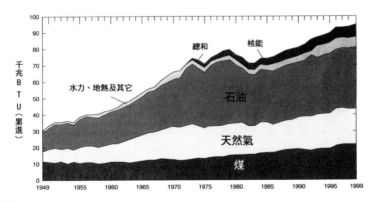

圖13.1 1949 至 1999 年美國能源消耗，圖中可見能源消耗趨勢除了 1970 年代初與 1980 年代初，因阿拉伯石油抵制造成能源危機而有短暫的下降外，其餘各年均逐年上升

圖片取自Carla W. Montgomery and Edgar W. Spencer, Natural Environment, McGraw Hill Custom Publishing

儲量不是無止境的，全球大多數油田將在 30～50 年內告竭。近幾年油價每年都以高幅度增漲，甚至更幾度接近突破 80 美元／桶，因替代能源目前仍是闕如，未來能源危機問題似乎將更嚴重。

化石能源

1. 石油與天然氣

⑴石油與天然氣的構成：

①石油與天然氣均是碳氫化合物（C_nH_{2n-2}, C_nH_{2n}, C_nH_{2n+2}）。石油與天然氣中的碳氫化合物是來自海洋或大湖中浮游生物的遺骸，這些有機物質遺骸在海盆或湖底與泥一同沉積，因快速的掩埋過程，有機物質遺骸未來得及完全氧化及分解。

當沉積加厚，這些有機物質開始產生變化，沉積物中的壓力與其上覆蓋沉積物或岩石重量有關，溫度亦因深度增加而升高，經過長時間所發生的化學反應，將大的、複雜的有機分子，轉換為簡單的、小的碳氫化合物分子。

②碳氫化合物通常以三種基本形式出現：烷類 Alkane (Paraffin) series: C_nH_{2n+2}（長鏈），例如乙烷 C_2H_6，烴類（Alkenes series）C_nH_{2n} 及苯類（Alkynes series）C_nH_{2n-2}（環狀構造）：

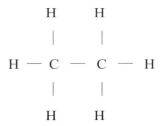

烷類碳氫化合物是自然界中最常出現型態，或呈固態、液態或氣態，戊烷（C_5H_{12}）以下在常溫下均為氣體（例如甲烷 CH_4，乙烷 C_2H_6，丙烷 C_3H_8），烷類碳氫化合物在戊烷（C_5H_{12}）與 $C_{15}H_{32}$ 間均成液狀，是原油主要成分，$C_{16}H_{34}$ 以上長鏈則為固態的石蠟。

③成熟（Maturation）：碳氫化合物會隨著年代久遠，因熱和溫度而改變性質；在早期石油形成階段，其儲藏型態大都為大型分子（「重的」碳氫化合物）；隨著石油趨於成熟它會分解為較「輕的」碳氫化合物；最終所有的石油

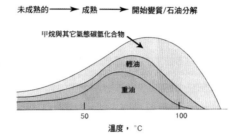

圖13.2 碳氫化合物隨著年代，因熱和溫度而改變性質，早期大都為固態的大型分子，晚期則天然氣居多

圖片取自Carla W. Montgomery and Edgar W. Spencer, Natural Environment, McGraw Hill Custom Publishing

均會分解為簡單且輕的氣體分子──天然氣（圖 13.2）。

石油蒸餾：原油可因其中各種成分沸點之不同，使其一一按不同沸點分開為輕油、汽油、柴油、燃料油等。

石油裂解（Cracking）：是石油提煉手續，將原油從大而重的複合分子分解為小而輕的簡單分子，從而取得原油中所有可利用物質（碳氫化合物在達沸點時成為氣體而分解，其沸點隨分子大小不同，其範圍為40℃至200℃）。輕油裂解後可得許多化學原料作為工業用途，如甲醇、乙烯、丙烯、丙酮、四碳烯烴、芳香烴等等。（見表 13.1 石油與天然氣的衍生物）

表13.1　從液態汽油與天然氣之衍生物

	物質	主要用途
較重碳氫化合物 ↕ 較輕碳氫化合物	石蠟	蠟燭
	重油	用於船盤、發電廠與工業燃燒
	中等油	煤油、柴油與其他燃燒用油
	輕油	汽油、茶、飛行用油
	"瓶裝氣體"（主要為丁烷，C_4H_{10}）	家庭用
	天然氣（主要為甲烷，CH_4）	用於家庭/工業與發電廠

④石油與天然氣的遷移（Migration）：當固體物質轉換成液體或氣體，碳氫化合物即開始遷移，從它們所形成的岩石中移出，一直遷移直到遇到某些地質結構而被封閉為止（trapped）。

構成石油與天然氣的油田須具備下列條件（圖13.3）：a.多孔隙（porous）與滲透性高（permeable）的岩石（通常是砂岩與多孔隙的石灰岩）稱為儲油層岩石（reservoir rock）；b.上面覆蓋不滲透岩石稱為頂石（roof rocks，通常是頁岩）；c.有摺皺或斷層構造，使石油與天然氣被捕獲並限制其中。

⑤油氣探勘：石油與天然氣可滲出地表，但這種情形很少見，若有也多半盡都逃逸。因在鑽探油井以前必須對地下結構先有所了解，故有油氣探勘之必要。油氣探勘的方法是藉著地面上所測得的地球物理的性質（例如重力、地磁、地電阻等等），來推斷地下的構造，但主要的是藉著震波並且以人工震源為主，這種研究方法稱為震測地層學（Reflection Seismology）。其中最有可能捕獲

油氣的構造有下列幾種——背斜、斷層、珊瑚礁、鹽丘
（Salt Domes）；所謂探勘即探測有無上列構造存在（圖
13.3）。

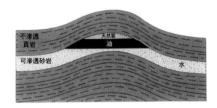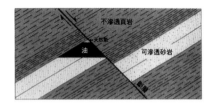

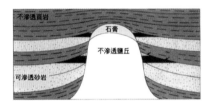

圖13.3 構成石油與天然氣油田的岩石性質及構造均須符合條件（見本文）
圖片取自Carla W. Montgomery and Edgar W. Spencer, Natural Environment,
McGraw Hill Custom Publishing

⑥鑽探油井：當探勘工作結束並經分析可能地下有儲油層
時，進一步工作是要在其地質構造頂部作一測試井（Test
Well）。井的深度通常很深，多半在幾千英呎以下。即使
許多時候探勘工作做得非常仔細，大多數測試井經測試
後多半可能為乾井，稱為「非生產井」或「野貓井」。
如果該井測試有油氣則定為「發現油井」（「discovery
oil well」），該一地區需要再進一步測試數井且均證實
為「正」時，才能定該區為可生產（productive）（圖
13.4）。
近年來海域探勘及鑽井盛行，但因鑽井設備及運輸均較

為昂貴，故開採
成本較高。海域
地球物理探勘主
要是以震測方法
（圖 13.5），海域
探勘船以人工震源
產生震波及收集經
地下地層反射的震
波資料，來分析地
下地層構造（圖
13.6），以判斷有
無可能的儲油構
造。

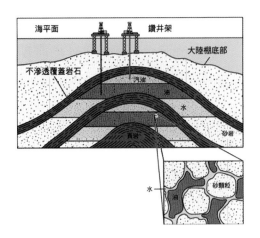

圖13.4 鑽探油井，目標為鑽探地下儲油層
圖片取自 Tom Garrison, Oceanography,
Brooks/Cole Thomson Learning
4th Ed.

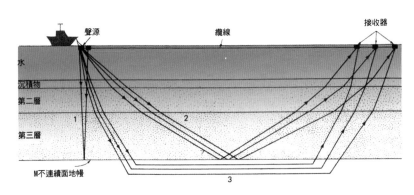

圖13.5 以震測作海域地球物理探勘

⑦時間因素：油氣形
　成的過程非常緩
　慢，因儲油層岩石
　年齡小於 1～2 百

圖13.6 所求得的地層構造

萬年者目前尚未被發現，可知油氣形成至少須1～2百萬年，故石油與天然氣被稱為非再生能源（Nonrenewable Energy Sources）。

⑵石油與天然氣的供給與需求

①石油：石油通常以桶為單位（1桶＝42加崙）來計算，目前全球已消耗的石油已超過5千億桶，估計餘剩儲油約1兆桶；美國每年消耗約70億桶（超過全球每年消耗之25%，佔美國每年使用能源40%）。

照著目前消耗的速率來看，全球大部分的儲油在30年內將消耗盡淨（圖13.7），某些高度工業已開發又不產油國家如日本和一些歐洲國家，能源危機甚至可能提前來到。

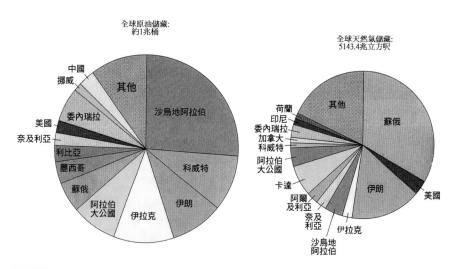

圖13.7 估計全球原油與天然氣儲藏（1999年1月）
圖片取自Carla W. Montgomery and Edgar W. Spencer, Natural Environment, McGraw Hill Custom Publishing

②美國石油的供給：美國原有全球 10% 石油資源，超過
2,000 億桶已被開採並消耗；美國境內剩餘儲油不到 250
億桶（表 13.2）。在 1980 中葉以前，約有 30 年之久，美
國所消耗之石油全由國內開採（德州、俄克拉荷馬州、墨
西哥灣等處）；但自 1980 中葉以後，美國國內產油已大
幅削減（因國際市場油價遠比美國國內開採便宜）（圖
13.8）。

表13.2 被證實的美國原油及天然氣儲備，1980-1998

年代	原油（10億桶）	天然氣（兆立方呎）
1980	31.3	206.3
1981	31.0	209.4
1982	29.5	209.3
1983	29.3	209.0
1984	30.0	206.0
1985	29.9	202.2
1986	28.3	201.1
1987	28.7	196.4
1988	28.2	177.0
1989	27.9	175.4
1990	27.6	177.6
1991	25.9	175.3
1992	25.0	173.3
1993	24.1	170.5
1994	23.6	171.9
1995	23.5	173.5
1996	23.3	175.1
1997	23.9	175.7
1998	22.7	141.8

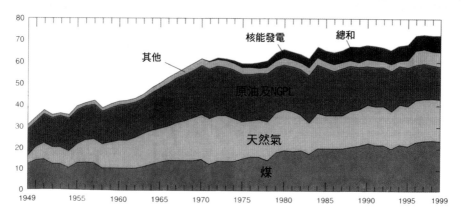

圖13.8 1949 至 1999 年美國能源生產，注意其國內原油與天然氣生產趨勢至 1980 年代已變為平緩，儘管能源消耗仍逐年持續增加

圖片取自Carla W. Montgomery and Edgar W. Spencer, Natural Environment, McGraw Hill Custom Publishing

③天然氣：由圖 13.1 可見天然氣的供給與需求情形與石油略同（圖 13.1），天然氣約供給美國每年使用能源的 25%；美國已證實可生產之天然氣約在 200 兆立方英呎，但每年消耗約 20 兆立方英呎；自 1980 中葉以後，15% 天然氣的消耗由進口而來，美國天然氣自給自足約可維持數十年之久。

④未來探勘：（石油探勘）

在未來石油探勘與其能發現的新油田越來越受限制，原因如下：

(a)因通貨膨脹，開採成本越來越高。

(b)多數火成岩與變質岩區除少數有破裂外（fractured），均非適合開採的儲油層，因它們不像沉積岩具多孔隙並具滲透性，並且因其形成時的高溫使有機物質多被破壞。

(c)開採成本增加，因ⓐ平均鑽井深度從以往之 4,000 呎
（1949 年）增至 6,000 呎，鑽井技術更為複雜昂貴。
ⓑ海上鑽井費用較陸上更昂貴，因須特殊之鑽井與運
輸設備。

(d)因目前原油市場價格較探勘與生產合計成本低，許多
石油公司關閉了其國內石油開發部門，但這趨勢將在
石油市場價格激增時改變。

(e)許多石油公司曾嘗試著開發別種能源，減少對石油之
倚賴。

⑤能源危機：

(a)再生能源（Renewable Sources）與非再生能源
（Nonrenewable Sources）：如同我們視地球為一動
力系統，則地球上的能源存在於再生與非再生兩種型
態。再生能源是或者存量無盡，或者在可見之將來用
之不盡。太陽能、潮汐力、地熱等為再生能源，煤、
石油與天然氣為非再生能源；很不幸的是，今天我們
所使用的能量，90% 來自非再生的化石能源。

(b)能源危機由殼牌石油公司研究員 M. King Hubbert 於
1956 年準確預測，之後他在 70 年代又修正一些數字
重作預測，估計世界石油儲藏將於 2050 年代耗盡（圖
13.9）；世界煤礦儲藏似乎還可使用好幾百年，然而
煤能作為未來石油能源的代替嗎？

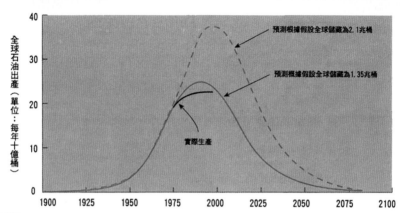

圖13.9 殼牌石油公司研究員 M. King Hubbert 於 1956 年預測並於 1970 年代再修正
預測，世界石油儲藏將於 2050 年代耗盡

圖片取自Carla W. Montgomery and Edgar W. Spencer, Natural Environment,
McGraw Hill Custom Publishing

2. 煤

⑴煤礦的構成

①煤的構成非為海洋有機物質，而是陸地植物之殘餘；在
沼澤所在地有茂密樹林之生長，也有水域來覆蓋枯竭之
樹幹、樹枝、樹葉等，是最適合煤礦之形成所在地（圖
13.10）。煤的構成需要一個無氧環境，因氧會與有機物
質反應而摧毀有機物質。

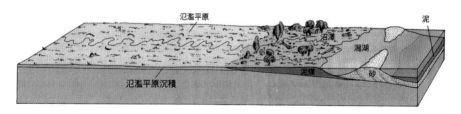

圖13.10 煤生成於沼澤地

②在合乎形成條件下，煤最先產生的產物是泥煤（Peat），這是最粗質的煤；如再經更長時間掩埋，受到熱與壓力作用其有機物質逐漸脫水，形成較軟的褐煤（Lignite），並進一步形成較硬的煙煤（Bituminous）及無煙煤（Anthracite）（圖13.11）。煤越硬，含碳量越高，每單位燃燒所產生的熱量便越高，故硬而含碳質較高的是較受歡迎的煤（圖13.12）。煤如同石油與天然氣是非再生能源。

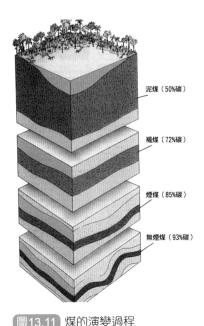

泥煤（50%碳）

褐煤（72%碳）

煙煤（85%碳）

無煙煤（93%碳）

圖13.11 煤的演變過程

圖片取自 Edward J. Tarbuck and Frederick K. Lutgens, The Earth, Macmillan Publishing

(2)煤的儲藏量

①全世界估計煤的儲量約為10兆噸，美國所儲存約佔其25%，其中2700億噸是 recoverable coal（維幾尼亞州）（圖13.13）。

②全球煤的儲藏預估可使用至公元2400年（圖13.14），目前似乎仍無短缺之虞。美國煤每年消耗量約佔全球之20%～25%，如果石油之需用能源全由煤來取代，美國境內儲藏的煤約可供給需用200年之久，但目前能源使用趨勢仍是倚賴石油為重。

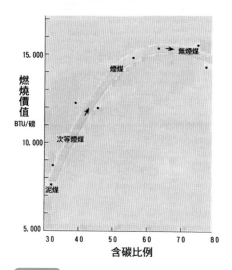

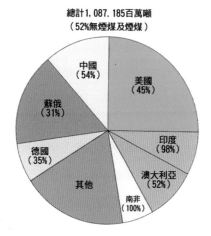

圖13.12 含碳量越高，燃燒價值便越高
圖片取自Carla W. Montgomery and Edgar W. Spencer, Natural Environment, McGraw Hill Custom Publishing

圖13.13 全球煤儲量以百萬噸計，括弧內為煤儲藏中煙煤及無煙煤比例

圖片取自Carla W. Montgomery and Edgar W. Spencer, Natural Environment, McGraw Hill Custom Publishing

(3)煤使用之限制

①普遍性（versatility）：煤使用上最大的限制是它不像石油與天然氣那樣具普遍性。煤非常的笨重，並且佔有相當大的體積，故它不能直接運用於現代交通工具如汽車與飛機上。

②乾淨與方便性：煤燃燒時會產生煙，是一個骯髒與不便利的能源

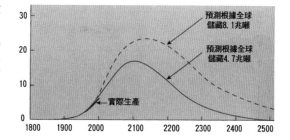

圖13.14 估計全球煤儲藏可使用至 2400 年
圖片取自Carla W. Montgomery and Edgar W. Spencer, Natural Environment, McGraw Hill Custom Publishing

（所以它才會被石油與天然氣取代）。

　　早期在台灣尚未普遍使用天然氣以前，家家戶戶多使用煤炭或煤球生火，屋內特別是廚房常滿是煤煙味，燻得人非常不舒服，相信用過的人均有此印象。

③煤不能被使用作為石油與天然氣的代替品，但煤可被轉換為液態或氣態的碳氫化合物而成液態燃料或天然氣，這個轉換過程是藉著煤與高溫的水蒸氣或氫氣接觸反應產生。這種轉換過程稱為氣化（gasification，如產品是氣體）或液化（liquefaction，如產品是液態燃料）。

⑷氣化（Gasification）煤

①經濟層面：目前氣化過程所產生的氣體是一氧化碳（CO）與氫氣（H_2）和甲烷（CH_4）的混合物，其燃燒所產生熱能僅及燃燒同等體積之天然氣所產生熱能的15%～30%。由於此較低的熱能使得它在經濟使用上不太可能作為運輸工具的能源。

②技術層面：技術層面上要從煤轉換為高品質的相當於天然氣的氣體是可能的，但目前的天然氣價格仍低，故不適宜市場上使用，但技術上的研究改進仍在不斷進行。

⑸液化（Liquefaction）煤燃料

①經濟層面：煤的液態燃料目前價格不能與傳統的石油價格相比，故目前大量開發是不太可能。但在未來石油價格持續上漲且世界大多石油儲油層漸漸乾枯下，未來大量製造是可能的。

②技術層面：80年代技術改進曾使製造費用大幅降低60%，並使得液化煤燃料的使用變得似乎可能，像這樣的技術改良，大大增加未來液化煤作為石油的替代能源的可

能性。

3. 油頁岩（Oil Shale）

⑴油頁岩（Oil Shale 或稱 kerogen）是由植物藻類或細菌的
遺留物構成。油頁岩不是簡單的化合物，油頁岩的物理性
質顯示油頁岩曾經壓碎加熱並蒸餾（distill）過程而產生
碳氫化合物，如同
「頁岩油」（「shale
oil」），它可經提煉
成類似原油，產生石
油般用途。美國境內
具有全世界 2/3 的油頁
岩儲量（圖 13.15），
即大約 2 到 5 兆桶的頁
岩油（shale oil）。

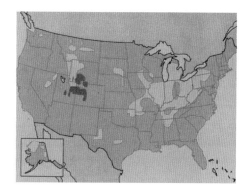

圖13.15 美國境內油頁岩分布所在
圖片取自 Carla W. Montgomery and Edgar
W. Spencer, Natural Environment,
McGraw Hill Custom Publishing

⑵油頁岩尚未成為主要能
源，因為：

①要產生少量的頁岩油需要壓縮大量體積的岩石（壓縮每噸
的岩石產生小於 3 桶的油）。

②製造價格目前仍不能與石油競爭。

③仍待建造大量設備始能量產。

④大部分油頁岩均接近地表（圖 13.16），要生產油頁岩
最經濟的方法就是將表面的土地剷除（surface- or strip-
mining），此舉將破壞大地景觀（植被）。

⑤目前技術上需使用大量的水，故在缺水區開採將非常困難
（圖 13.17）。

圖片取自Carla W. Montgomery and
Edgar W. Spencer, Natural
Environment, McGraw Hill
Custom Publishing

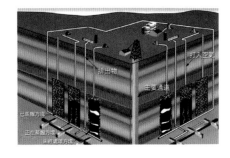

圖13.16 野外油頁岩露頭

圖13.17 在地層中頁岩油的生產過程，頁岩中藉著熱而蒸餾出頁岩油

圖片取自Carla W. Montgomery and
Edgar W. Spencer, Natural
Environment, McGraw Hill
Custom Publishing

⑥提煉完後岩石將增加體積 20%～30%，須如何處置（dispose）它們也是個頭痛的問題。

4. 瀝青砂石（Tar sands）

⑴瀝青砂石是沉積岩其中含有厚的半固體狀如瀝青般的石油，瀝青砂石可能代表為未成熟的石油，即其儲藏型態大都為大型分子；尚未分解為較「輕的」液態或氣態的碳氫化合物。也可能是由於較輕的分子已經遷移只留下了較重的分子。

⑵如同油頁岩，瀝青砂石需要開採壓碎加熱以抽取石油，許多開採油頁岩所遭遇的環境問題也同樣影響到瀝青砂石的開採，如重新植被問題、水的處理問題、廢物拋置問題等等。

⚡其他能源

在前節非再生能源的討論中，我們曾加以預測在美國境內非再生能源，將在幾十年內耗盡。煤礦尚有儲存，但以環境而言它不是一個受歡迎的能源，故我們非常急迫的需要其他的替代能源。圖 13.18a 為美國於 1999 年各種能源使用比例，以為參考，但各國能源使用之比例可能因國情不同而略有差距。圖 13.18b 為台灣於2005 年各種能源供給比例。

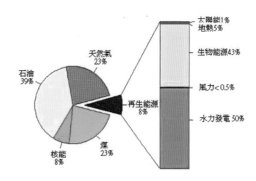

美國1999年能源分配表（根據美國能源部資料）

圖13.18a 美國於 1999 年各種能源使用比例，以為參考

圖片取自 Carla W. Montgomery and Edgar W. Spencer, Natural Environment, McGraw Hill Custom Publishing

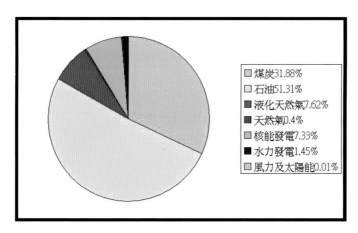

□煤炭31.88%
□石油51.31%
■液化天然氣7.62%
■天然氣0.4%
■核能發電7.33%
■水力發電1.45%
□風力及太陽能0.01%

圖13.18b 2005 年台灣能源總供給（自產能源 1.88%，進口能源佔 98.12%）
資料來源：經濟部能源局

1. 核能——核分裂（Fission）

⑴核分裂基本原則：核能這個名詞事實上是包含兩種不同程序
——核分裂與核融合；目前只有核分裂有商業用途。

核分裂是指一個原子分裂為兩部分；例如鈾235原子核經中子撞擊即產生核分裂，而經分裂過程新產生的中子會再撞擊周圍鈾235原子核而繼續分裂，並且產生更多中子及釋放原子核內大量能量，這個現象稱為連鎖反應（chain reaction，圖 13.19）。

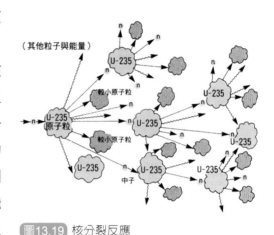

（其他粒子與能量）

圖13.19 核分裂反應
圖片取自Carla W. Montgomery and Edgar W. Spencer, Natural Environment, McGraw Hill Custom Publishing

當核分裂發生時有一部分質量轉換成能量，按愛因斯坦質能互換理論（$E = MC^2$；C 為光速），原子核內極大能量瞬時間釋放出來。核分裂可使用於軍事用途，使原子彈爆發瞬間產生破壞；或作商業用途使用的原子爐，以更緩和並經嚴格控制的方式釋放能量。

自然界裡自然產生元素能作為核分裂使用的並不多，常見的有鈾-235、鈾-238（鈾的同位素）、釷-232 及鈽-239 等，它們的反應式如圖 13.20；同位素是指兩元素具有同量的質子數卻具有不同的中子數。鈾-233 及鈽-239 因可由釷-232

及鈾-238滋生而來，故其反應又稱滋生反應，以別與鈾-235的分裂反應。

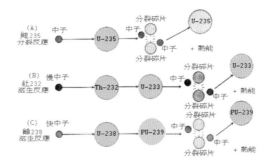

圖13.20 自然界裡自然產生的幾種核分裂反應

(2)應用：

①第一個大型的核分裂應用是在1945年7月16日，在美國新墨西哥州為第一個原子彈所作的核子試爆。第二次世界大戰後許多科學家致力於原子能作和平用途；1955年，美國海軍

圖13.21 核能反應爐

"Nautilus"號潛水艇，以一個約高爾夫球大小的鈾元素作為燃料航行了62,000英哩。不久美國與蘇聯分別發明了核能反應爐以產生電力作商業用途，加拿大緊接不久也成功設計了反應爐；之後一些年間核能反應爐一直被以為是一個乾淨與廉價的能源以供應電力（圖13.21）。直到70年代起發生幾次核能反應爐的安全問題，反核意識漸漸升高，核能反應爐的興建趨勢才逐漸減緩。

目前全球約有438座核能反應爐，提供全球16%之電力需要；這些反應爐大多座落於工業開發國家，上圖為美國核能發電廠所在位置（圖13.22）。台灣現正常運轉核電廠有核一（石門）、核二（萬里）、核三廠（恆

春），核四廠因
反核示威目前正
處於停工狀態。

②核能反應爐：大多
數的核能電廠都是
藉著冷水流經反應
爐，使其冷卻冷水
被加熱蒸發為蒸
氣，蒸氣繞經渦輪
發電機以產生電

圖13.22 美國核能發電廠位置
圖片取自Carla W. Montgomery and Edgar W.
Spencer, Natural Environment, McGraw
Hill Custom Publishing

力；一般火力發電廠是使用化石燃料，燃燒煤、石油與天
然氣產生蒸氣帶動渦輪以發電，在核能電廠之反應爐是藉
著鈾原子產生的核分裂反應釋放熱能，蒸發冷水成蒸氣以
提供電力。

現在常使用核能反應爐的有幾種不同設計，目前常使用
的一種是以厚的鋼板圍繞著一個核反應爐核，反應爐中
使用鈾燃料棒（Fuel Rods），此燃料棒置放於圓柱形直
徑約二分之一吋的陶器內，並又全密封於一長的金屬桶
內，稱為燃料桶（Fuel Tubes）；幾個燃料桶組合為一個
燃料組，而幾個燃料組構成為核反應爐的爐心。水在反
應爐中煮沸加熱為蒸氣，經流通至渦輪發電機來產生電
力，水被並冷卻壓縮再送回重新使用。

同時為了反應爐的安全性，防止爐內原子核分裂反應過
度，加裝了可以使核分裂反應減速的設備，通常使用輕
水、重水或石墨作為減速棒的材料。此外為了安全起
見，當反應爐的水蒸氣溫度過高時，須立即停止反應，

因此裝設反應控制棒（Control Rods）（圖 13.23），在必要時大量吸收中子，使反應爐不再進行核分裂反應。控制棒通常使用碳化硼或金屬銀等為材料。

③核能反應爐的安全性：核分裂能源最使人關切的是它的安全性問題，在一般嚴格的控管下，核能廠只釋放非常小的輻射，一般相信對人體是無害的；只有在控管程序被疏忽時，核子輻射才會大量外洩。

核子輻射大量外洩最大可能的情況，是失去冷卻劑使須被冷卻流回反應爐的水遭阻礙，爐心（core）過熱，以致爐心被融化，核燃料與爐心物質摻雜為融熔物質（不一定流出建築物外）。1979 年在美國賓州之三浬島（Three Mile Island），發生核子外洩事件（圖 13.24），原因是在於失去冷卻劑使35～45%的爐心物質融化造成。1986 年，烏克蘭之車諾比（Chernobyl）核能廠爆炸是再一次核能廠意外，故近年來因各

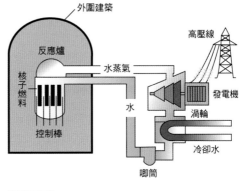

圖13.23 核能反應爐內部構造（說明見本文）

圖13.24 美國賓州三浬島之核電廠

圖片取自 Carla W. Montgomery and Edgar W. Spencer, Natural Environment, McGraw Hill Custom Publishing

國反核情緒之高漲，核能廠的興建已大幅度降低。

④核能原料儲存：全球鈾原料儲存量很難加以估計，因有些國家將其列為機密，表 13.3 顯示美國鈾原料的儲備，以目前美國作為和平用途之核能反應爐每年使用量計算，美國境內鈾 -235 原料的儲存作核能發電使用，將可持續至 2020 年而不致發生核原料短缺問題。

表13.3 美國鈾儲備及資源估計

開採成本	儲備（百萬磅U₃O₈）	資源，包括儲備（百萬磅）
\$30/1b （U₃O₈）	300	3800
\$50/1b （U₃O₈）	900	6400
\$100/1b （U₃O₈）	1400	9800

目前的核能電廠中，絕大部分是以熱中子式鈾 -235 核分裂為能源。有鑑於地球上的鈾 -235 原料數十年內將用盡，核能工業較先進國家正積極研發前述利用鈾 -238 滋生反應的快中子滋生反應器（Fast Breeder Reactor, FBR），簡稱快滋生反應器。快滋生反應器利用快速中子撞擊鈾 -238，使其轉化為鈽 -239，再繼續作核分裂反應（圖 13.20）。有專家預期在 2030～2050 年間，快滋生反應爐將盛行，以鈾 -238 與釷 -232 為原料，代替傳統輕水式反應爐。

⑸核能廢料處理：核能電廠的核燃料通常可使用兩年，之後就當廢料處理，因為它仍具有高輻射性，所以處理廢料是一件頭痛的事。核能廢料依據它的來源及放射性強度，可分為低放射性廢料及高放射性廢料兩類，用過核燃料是一種高放射性廢料。

高放射性廢料因可經再處理，以提煉鈽和鈾重新作燃料使用（圖 13.25），因為天然鈾中鈾 -238 的含量佔了 99.3%，鈾 -235 的含量只有 0.7%，用過核燃料中仍有 96% 的鈾和 1% 核

分裂產生的鈽,故核廢料均先暫時儲存以備再處理,暫時儲存處多半在核電廠附近,最終低放射性廢料才在人煙稀少處被永久掩埋(圖13.25)。台灣目前作法是台電將用過燃料暫時儲存於核電廠地下儲池,低中強度核廢料亦暫時儲存於蘭嶼及核電廠廠區內的臨時倉庫,這些均非一勞永逸之計。

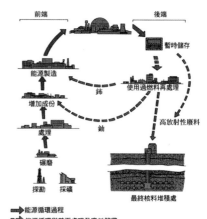

圖13.25 核能廢料處理過程

2. 核能:核融合(Fusion)

⑴核融合是結合較小的原子核成為較大的原子核,並釋放出能量(圖 13.26)。最可能被大量使用的核融合原料是氫的同位素氘

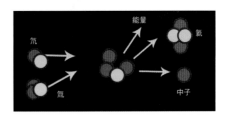

圖13.26 核融合反應

($^2_1$H)與氚($^3_1$H),因海洋中含有豐富的氘與氚原料,核融合的技術曾被研發作為氫彈。

⑵氫的核融合反應:下列化學式是氫的同位素氘與氚作用的核融合反應,生成氦並釋放出能量之反應式。

$$^2_1H + {}^2_1H \rightarrow {}^3_2He + {}^1_0n + 3.27 \text{ MeV}$$
$$^2_1H + {}^2_1H \rightarrow {}^3_1H + {}^1_1H + 4.03 \text{ MeV}$$
氘—氘 融合

$$^2_1H + {}^3_1H \rightarrow {}^4_2He + {}^1_0n + 17.59 \text{ MeV}$$
氘—氚 融合

⑶核融合反應過程是乾淨的,不產生污染,並且海洋中有豐富
　取之不盡的原料供給,所有星球內部燃燒均是藉氫的核融合
　反應產生。

⑷既然核融合是較核分裂遠為乾淨的核能源,為何不能取為作
　大量商業用途?主要原因是技術上的瓶頸。要使核融合反應
　產生其中心溫度將達攝氏百萬度,現今在實驗室裡正在努力
　研究並測試的可能核融合反應,是以強烈磁場為容器。就目
　前全球可利用的核子能源來論,氘氚核融合能源以強烈磁場
　作為限制核能反應(Magnetic Confinement)的容器,是目
　前最有可能取代石油的能源。

　①核融合的容器:核融合反應爐之設計目前的研究,均集中
　　於設計一個強烈磁場,使限制高溫的核融合反應於其中。
　　其設計中之一構想是使高溫的電漿,不與反應爐之壁接
　　觸,並藉磁場作用於帶電分子,以產生圓形的或螺旋狀的
　　途徑,這個問題若能解決則能源危機之困將豁然開朗。

　②冷融合(Cold Fusion):1989年加州有兩位科學家聲稱
　　技術上發現突破冷融合技術的瓶頸,此實驗之設計是將
　　鈀製之電極置於重水(含豐富的氘)中,電流會分開水分
　　子,故氘離子被驅離至其中之一電極並產生核融合反應。
　　當時此發現曾使社會大眾一陣騷動,不幸的是許多科學家
　　重複此實驗卻都失敗了,現冷融合之概念已被棄置,但社
　　會大眾對使用核融合取代石油能源仍報以極大期望。

3. 太陽能

　陽光是取之不盡用之不竭的能源,而且另一好處是對環境而
言,它是非常乾淨的能源。陽光提供綠色植物光合作用所需能量

以生產食物,然而太陽能可能取代其他能源而成為主要能源嗎?

⑴太陽能加熱(Solar Heating)

　　以陽光得到熱能的方式有兩種:

　　①被動加熱方式:被動加熱方式是最簡單的太陽能加熱方式,不需要任何機械裝置幫助(圖 13.27A~B),建築之設計為使最大量的光線經過窗戶,屋內設計一蓄水槽或吸熱物質以吸收熱能。

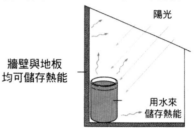

　　②主動加熱方式:它需要一些機械裝置,幫助使被加熱的水流至屋內蓄水槽,這種裝置適用於中緯度陽光充足地區(圖 13.27C)。

⑵太陽電池:

　　①高成本:直接以陽光轉換成電力是藉著光電池(photovoltaic cells)或太陽能電池(solar cells),目前光電池多使用於人造衛星或一些偏遠而電力不能到達地區(圖 13.28A)。使用太陽電池之最大限制是它的高成本。未來若半導

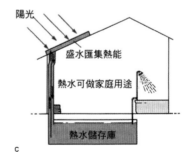

圖13.27 以陽光取得熱能方式 (A-B)
被動方式 (C) 主動方式

圖片取自 Carla W. Montgomery and Edgar W. Spencer, Natural Environment, McGraw Hill Custom Publishing

體工業成長，製造成本大幅降低時，才有可能普及使用。
使用太陽電池另一困難是它的低效率。

②低效率：在地表光線最強處，每平方公尺可產生250瓦
的功率；若作功效率是 20%，則要產生 100 瓦的燈
泡，需要 2 平方公尺面積的太陽電池，故效率很低（圖
13.28B）。

③儲藏問題：儲藏太陽能也是複雜問題，對住宅居民來說，
太陽電池已能應付需要，但大規模儲藏太陽能目前尚無可
能，圖 13.29 是一些可能用來儲藏太陽能方式之建議。

圖13.28 太陽電池的使用

圖片取自Carla W. Montgomery
and Edgar W. Spencer,
Natural Environment,
McGraw Hill Custom
Publishing

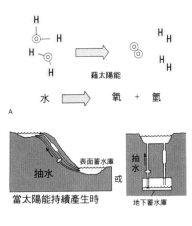

圖13.29 太陽能儲藏的一些可能方式

圖片取自Carla W. Montgomery and
Edgar W. Spencer, Natural
Environment, McGraw Hill
Custom Publishing

以上所述使用太陽能諸多之限制，目前使用太陽能還只限於少數區域，在美國太陽能的使用佔全部能源的 1%。

4. 地熱（Geothermal Power）

⑴岩漿從地函上升至地殼帶來熾熱物質，當流經逐漸冷卻中的岩漿加熱流經附近的地下水即產生地熱來源（圖 13.30）。被加熱的地下水藉岩石中裂隙可能竄升至地表而形成間歇

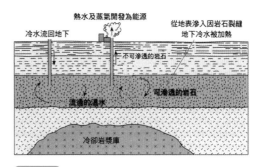

圖13.30 地熱的產生

圖片取自Carla W. Montgomery and Edgar W. Spencer, Natural Environment, McGraw Hill Custom Publishing

泉（geysers）或溫泉（hot springs），代表著地下熱源的存在，此熱源亦可由地表測定的熱流值而得之。

⑵高熱流值與板塊邊緣岩漿的活動有關，故大多數地熱區都發生於板塊邊緣（圖 13.31）。

⑶大多數地熱區附近，地下水被其下的熱源加熱成為水蒸氣，此水蒸氣被引導推動渦輪發電機，與燃燒其他傳統燃料產生水蒸氣發電原理一致（圖 13.32）。

⑷因為地熱只產生於少數地區，故未來地熱只能在這少數地區作為主要能源，在全球它只能作為次要能源。

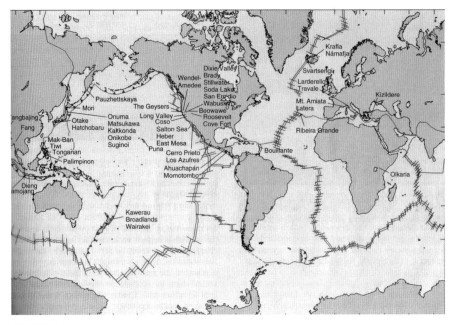

圖13.31 全球地熱的分布

圖片取自Carla W. Montgomery and Edgar W. Spencer, Natural Environment,
McGraw Hill Custom Publishing

5. 水力發電（Hydropower）

(1)水力發電是藉著水從高處落下，藉其落差動力帶動渦輪以產
生電力。在美國水力發電提供全國能源的 4%，所以也是個
重要能源。大部分的水力發電是藉著興建大型水壩，例如克
羅拉多河（Colorado River）上的 Glen Canyon 水壩與胡佛水
壩（Hoover Dam）（圖 13.33），壩內裝有巨型的渦輪發電
機，利用水力發電（圖 13.34）。水力發電電力約佔所有發
電廠發電電力的 1/3。

圖13.32 利用地熱發電

圖13.33 美國內華達州的胡佛水壩
（Hoover Dam）

(2)水力發電的好處是它是一種乾淨再生能源；缺點是它只限建立於少數特殊地點。水壩的建築費用極其昂貴且因懸浮的沉積物沉積而逐漸減少水壩功能，至終使其完全失效，故水壩均有一定壽命（一般在 50 年以上）。

(3)水壩的優缺點曾詳述於第六章，此處不再重複。

6. 潮汐能源（Tidal Power）

在有些地點特別是在海灣或內灣處有顯著的潮差（高低潮之差異）處，可在該處建築水壩來調整水的流進流出，並藉以發電（圖 13.35）。但要產生商業用之電力潮差必須在 5 公尺以上，全球能滿足此條件以達到以潮汐發電的地點並不多。台灣只有金門、馬祖潮差較大，約在 5 公尺左右，但現在政府仍未有利用其潮差來發電的打算。

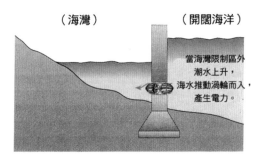

（海灣）　　　（開闊海洋）

當海灣限制區外潮水上升，海水推動渦輪而入，產生電力。

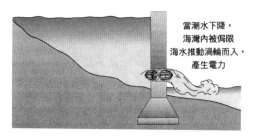

當潮水下降，海灣內被侷限海水推動渦輪而入，產生電力

圖13.34 胡佛水壩內巨型的渦輪發電機

圖13.35 潮汐發電

圖片取自Carla W. Montgomery and Edgar W. Spencer, Natural Environment, McGraw Hill Custom Publishing

7. 風力能源（Wind Energy）

在歷史上風力曾是人類常利用的能源，例如荷蘭、丹麥有成千的風車（圖13.36），商業用途的風力發電多設立於風力盛行處（如圖13.37北加州風力發電）。

風力使用的缺點，在於它時斷時續、地點特殊且不易儲存，未來風力發電只適合作為能源之補充。台灣風力發電目前僅限澎湖、新埔等少數幾處，且規模都很有

圖13.36 丹麥的風車

限。台塑位於雲林縣麥寮鄉六輕工業區，於 2000 年設置四部風力發電機組，輸出功率 2,640 瓩，是國內第一座商業用途的風力發電場。

加州棕櫚泉（Palm Springs）處之風力葉輪陣列

8. 溫差發電

台灣四圍皆海，特別是東部海域水深甚深，所以也有人考慮利用海水表層與底層較大溫差作為能源來源，理論上只要海水表層與底層的溫度相差約攝氏 20 度左右，即有可能被用來發電（圖 13.38）。其發電方式，是將底部較冷海水抽取至表層，利用表層海水熱能使其蒸發為氣體，以便推動渦輪發電機，其理與前述核能、地熱發電方式均類似。經

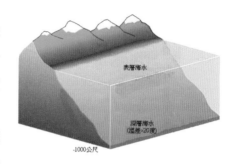

表層海水

深層海水（溫差~20度）

-1000公尺

圖13.38 利用海水表層與底層較大溫差，理論上只要溫度大於攝氏 20 度左右，就有可能用來發電

過渦輪的氣體，經冷卻恢復原來的液體流經原回路中。溫差發電能量來自太陽能，是取之不盡的乾淨能源，但因其發電設備體積龐大，製造、安裝及維修困難，發電效率低、成本高等等因素，目前仍只停留在研發階段，不適合大規模的應用。

9. 生物能源（Biomass）

(1)生物能源是有機物質將陽光轉換為化學能儲存，生物能源包括樹木、木質碎屑、稻稈、糞便、甘蔗、海藻及許多農作物處理中的副產品。當生物能源燃燒時，化學能以熱能形式放

出，例如冬日在壁爐中燃燒木頭
就是一種生物能源（圖 13.39）。
幾千年來這是我們的老祖宗所賴
以取暖生熱的主要來源，事實上
生物能源仍是今天許多開發中國
家所賴以為繫的主要能源。

光合作用

圖13.39 生物能源是利用植物藉光合作用，將陽光轉換為化學能儲存，開發此能源即為生物能源

(2)甘蔗就是生物能源的一個很好例
子，在美國南方及加勒比海周圍
許多小國如古巴等，蔗糖是其主
要農作物出產，當甘蔗汁從甘蔗
根榨取後，所殘餘的甘蔗渣仍含
有部分從陽光轉換的化學能，如
同其他的生物能源，蔗
渣燃燒可產生熱能（圖
13.40）。

(3)乙醇（Ethanol），是另一
個生物能源，例如玉米除
食用外亦可將其蒸餾而成
酒精（圖 13.41），在過
去約 30 年間，在有些國
家其酒精被用來與汽油混
合作為汽車燃料，例如巴
西政府規定汽車燃料須混

樹木　　　　玉米

廢物

垃圾填埋氣體　　酒精燃料

圖13.40 生物能源範例

合三分之一從甘蔗製造的乙醇，使用乙醇的好處是使我們不
至過度倚靠石油為汽車的唯一燃料，原能會核子研究所正嘗
試以稻草及海藻提煉酒精，若能開發成功將可減輕石化燃料

負荷。

(4)因為化石能源的減少，使用其他代替能源如生物能源等的趨勢會越來越多。燃燒生物能源也會產生二氧化碳而造成溫室效應，但因生物能源的產生來自於植物的生長，期間藉光合作用

碳循環

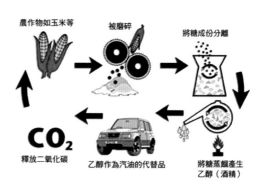

圖13.41 乙醇是現今大眾極為看好的一種生物能源

等量的二氧化碳被消耗，故總體而言使用生物能源不像使用化石能源那樣造成嚴重的溫室效應。在美國有一些生物能源發電廠被用來作為工業用途（特別是木業與造紙業），未來當有更多生物

圖13.42 木屑也是一種可利用的生物能源

能源被開發代替化石能源發電時，使用生物能源對保護環境的益處會越發顯出，如圖 13.42 木屑被收集，儲藏乾燥以便之後燃燒發電。

Q&A

1. 石油與天然氣是如何形成的？

2. 請說明石油裂解的程序。

3. 構成石油與天然氣的油田須具備那些條件？

4. 最有可能捕獲油氣的構造有那些？

5. 何謂再生能源與非再生能源？

6. 煤為何不能作為替代能源以代替石化燃料？

7. 油頁岩作為主要能源的限制在那裡？

8. 使用太陽能為何不能作為替代能源以代替石化燃料？

9. 何謂核分裂反應？何謂核融合反應？

10. 請繪一原子爐結構簡圖並藉此圖說明核能使用的安全性。

11. 現階段使用核融合反應作和平用途的技術瓶頸在何處？

12. 核能廢料如何處理才恰當？

13. 台灣有可能開發那些替代能源以代替石化燃料？

14. 簡述水力發電的優缺點。

15. 為何使用生物能源比較不容易造成溫室效應？

Chapter 14

環境污染
（水污染、空氣污染等）

⚡ 前言

人是環境的產物，人受環境的影響，也能影響環境。人對環境的不當影響，一般稱之為環境污染。

環境污染主要指的是水污染、空氣污染及地盤下陷三種，本章中我們要討論的是水污染及空氣污染。對於人類生存，我們最需要的是空氣、水、陽光，這三者任何一個條件受到干擾，都會嚴重影響我們的健康與生存。水污染及空氣污染的原因，都是因為經濟快速發展及社會工業化破壞了環境。以下我們要看看這些污染的項目。

⚡ 水污染

近來新聞報導中常提及戴奧辛污染源，或工業廢水使水質污染，造成河流中大量魚類死亡。諸如此類報導說明國內環境污染的情形非常嚴重，也說明了群眾環保意識增長，大家認識環保的重要性，本節中我們要來談談關於水污染。

所謂水污染，主要是指人為因素直接或間接地讓污染物質滲入河流、湖泊或地下水等水體中，造成水質物理（例如熱污染）、化學或生物特性（例如水中過多的藻類）的改變，以致於影響水的正常用途並或危害民眾健康。水污染來源包括：1.由工

業製造過程中原料或副產品；2.有機物質；3.農業活動中使用的農藥、肥料等物質，以下我們逐項討論這些項目。

1. 一般原則

任何自然界的水——如雨水、表面逕流或地下水等都包含溶解的化學物質，這些物質中有一些是對人身體或其他生物體的健康有害的，很不幸的，這些物質多半來自現今工業或農業製造產品造成的污染。

(1)地球化學循環：如同岩石的循環或水的循環，所有的化學物質在自然界裡也構成自身的循環，例如圖 14.1 說明了海水中鈣的循環。鈣是造岩礦物的主要成分，經岩石的風化，雨後溶解於逕流中從河流或地下水被帶到海洋；海水中的鈣，也可來自中洋脊新生海盆中濾出。鈣可部分被吸收於形成骨骼或貝殼中，也可經化學作用形成石灰岩。有一些成為沉積物經隱沒與部分融溶作用回到地函或隨岩漿上升至地表，經造岩重新加入鈣的循環。

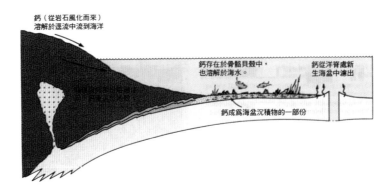

圖14.1 鈣的循環

圖片取自Carla W. Montgomery and Edgar W. Spencer, Natural Environment, McGraw Hill Custom Publishing

⑵停留時間：測量任何化學物質在自然界循環的速率，如鈣循環的速率，稱為停留時間。其公式如下：

$$停留時間 = \frac{某化學元素在水體中的容量}{某化學元素注入水體的速率}$$

表14.1 幾個主要與次要元素在海水中的停留時間，與現今藉表面逕流流入海水的濃度

元素	濃度（ppm）	居留時間（年）
氯	18,980（1.9%）	68,000,000
鈉	10,540（1.0%）	100,000,000
鎂	1270	12,000,000
鈣	400	1,000,000
鉀	380	7,000,000
溴	60	100,000,000
矽	3.0	18,000
磷	0.07	180,000
鋁	0.01	100
鐵	0.01	200
鎘	0.00011	500,000
汞	0.00003	80,000
鉛	0.00003	400

表 14.1 是幾個主要與次要元素在海水中的停留時間，與現今藉表面逕流流入海水中的濃度。各個化學元素在海洋中的停留時間差異很大，例如鈉注入海水的速率比鈣慢，在海洋中的容量也較大（氯化鈉是海水的主要成分），所以鈉在海水中的停留時間遠大於鈣：達 100 億年，但鐵元素卻只有 200 年。停留時間會受到人為活動的影響，例如如果人類大量開採石灰岩做為農業（以中和酸性土壤）及建築用途，則自然界裡鈣風化的速率加快，鈣循環的時間便將減短。

(3)停留時間與污染：停留時間表示污染物質在水體中持續污染的時間，也說明了污染物質需要多長時間才能從系統中被排除。因此停留時間越長，污染問題就越難清理。一般河流的水流動快速所以停留時間短，當河流的水遭到污染時只要污染源被清除，很快就得以清理；反之如果污染物質進入湖泊或海洋，因其停留時間長，就很難清理。

(4)點污染源和非點污染源：水污染的污染源又可分為點污染源（Point Pollution Source）和非點污染源（Nonpoint Pollution Source）（如圖 14.2）。點污染源，是污染物從一個固定地點釋放，例如工業廢水的出口、鋼鐵廠、污水淨水槽等等。非點污染源，其污染物之來源並非由一定點，而是分散的來源，例如因下雨而被沖刷的農地肥料、分散的垃圾堆等等。

點污染源通常容易被辨認它是污染問題所在，也容易被監控；以往環保單位多著重於點污染源管制，但隨者點源污染逐步被控制，非點源污染對環境污染的影響也漸被重視。

由發現污染源來追蹤環境的污染，可能並不困難；但反過來由發現的污染物質來追蹤污染源並不容易，因某一污染物可能來自多處的污染源。例如國內近來常傳出戴奧辛污染

圖14.2 點污染源和非點污染源示例，圖中除工業廢水的排出及化學用品的傾倒為點污染源外，其餘皆為非點污染源

圖片取自Carla W. Montgomery and Edgar W. Spencer, Natural Environment, McGraw Hill Custom Publishing

事件，但其污染源至今還不能被確認。又如每當某河川被污染，追蹤發現肇事的工廠，十之八九都不肯承認他們是污染禍首。

2. 工業污染

隨著工業及生物科技的發展，每年都有成千上萬新的化學產品上市，這些產品往往沒有足夠的時間和經費來檢驗它們對生物體的安全性，特別對生態環境的影響。這些工業製造過程中的原料、產品、副產品等，若未經過妥善的處理，常常形成污染物，對生物體直接、間接的造成傷害。以下我們要仔細的討論這些工業污染物質。

(1)非有機化合物污染—金屬：在許多非有機的工業污染物中，我們較關心的是那些可能有毒的金屬物質。工業製造、採礦及礦砂處理中可能釋放一些金屬物質至環境中，使這些金屬的濃度局部增加，從對生物體無害而致有毒的地步。表14.2 是工業廢水中的主要微量元素。以下簡介其中這些金屬對環境的污染。

①汞：俗稱水銀，與鉛、鎘等都屬重金屬，是一種有毒金屬。一般重金屬有一特性，是它一旦藉飲食進入生物體，很容易積存於生物體內，很難被排出，結果越在食物鏈上端的生物，其濃度越高。例如海藻中的某重金屬濃度，可能高過其存活的海水中某重金屬濃度的 100 倍；小魚食用海藻，其體內因而含有更高濃度；大魚吃小魚，人類捕捉並食用大魚，因此人成了污染最終的受害者（如圖 14.3）。

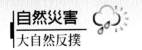

表14.2 在工業廢水中的主要微量元素

	元素
採礦與礦砂處理	砷、鈹、鎘、汞、錳、鈾
冶金	砷、鈹、鉍、鎘、鉻、銅、鉛、汞、錫、釩、鋅
化學工業	砷、鋇、鎘、鉻、銅、鉛、汞、錫、釩、鋅
玻璃工業	砷、鋇、鉛、鎳
紙漿與造紙工廠	鉻、銅、鉛、汞、鎳
紡織工業	砷、鋇、鎘、銅、鉛、汞、鎳
肥料	砷、鎘、鉻、銅、鉛、汞、錳、鎳、鋅
石油裂解	砷、鎘、鉻、銅、鉛、鎳、釩

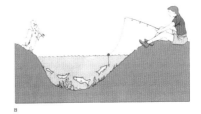

圖14.3 汞進入生物體，很容易積存於生物體內，結果越在食物鏈上端的生物，其濃度越高（A 圖）。人類捕捉並食用大魚，因此人成了污染最終的受害者（B圖）

圖片取自Carla W. Montgomery and Edgar W. Spencer, Natural Environment, McGraw Hill Custom Publishing

　　一般自然界中，在土壤與水體中重金屬的濃度都不是太高，因此積存於生物體內重金屬也不致於危害健康。然而當人類改變了自然生態，特別是金屬的開採，增加了金屬被風化而進入環境的速率，工業製造過程所排出的廢水，更增加了水體中重金屬的濃度。

　　汞的危害開始記載於 1953 年，日本九洲水渓市（Minamata）的一件公害，日本人喜歡吃魚，該市工廠

的工業廢水污染了附近河流與海灣，在食物鏈的上端的魚類中含汞濃度達 50ppm，許多人因食用魚類而至汞中毒，至 1960 年已有 43 人死於水銀中毒，116 人受到永遠傷害。從該時起當水中汞濃度太高時，日本政府常會頒布食用某些魚類的禁令。

汞的毒性在於它能破壞腦與中樞神經系統，他能使人失去視覺、感覺、聽覺及其他神經性病變，使人顫抖甚至死亡。汞可透過飲食或呼吸進入人體；並累積於人體內。當汞累積至一定量時人體就會有中毒現象，但此時人體傷害已經造成而不能復原了。

②鎘：也是常見的一種重金屬污染，日本、台灣常傳出稻米被鎘污染，例如不久前彰化、和美地區傳出稻米遭到重金屬鎘污染。合格農田怎會種出鎘米？其污染可能來自含鎘豐富的礦場廢棄物倒置河川內，或工廠排放廢水，農夫以被污染的水源來灌溉，結果農地長出超過鎘標準值許多倍的稻米。這種被污染的稻米需要完全銷毀，如前所述，重金屬鎘若經食用進入人體，就會在人體內累積，當累積至某一程度就要引起病變，所以是非常可怕的。鎘引起的病變，包括腹痛、嘔吐、貧血、高血壓、腎功能減退及骨骼軟化、畸形等病症，因此鎘如同前述的汞，是一種需要被嚴格監控的污染金屬。

③鉛：常見的重金屬污染，鉛對人體的污染主要透過兩種渠道，一是飲水和食物，一是吸入污染空氣。老舊房子的油漆粉塵、使用含鉛顏料的傢俱、鉛蓄電池、電鍍廢水污染農田、鉛製水管以及不當的中藥製品（例如冬蟲夏草）等，都可能是鉛中毒的來源。臨床診斷，是以血清鉛濃度

或尿液的鉛總量大於某標準值，做為「鉛中毒」的診斷標準。鉛中毒症狀有腹痛、噁心、嘔吐、厭食、便秘、貧血以及各種神經系統的病變。兒童是鉛污染的最大受害者，能嚴重影響到兒童神經系統及身體各個器官的生長發育。

④砷：也是常見的重金屬污染，過去常被製作砒霜。在自然水源中含砷濃度不高，但工業廢水、含砷農藥及除草劑等，都可能使土壤及灌溉水受到砷污染。慢性砷中毒會產生呼吸系統及神經系統病變，肝、腎發炎，手腳掌的皮膚角化、潰爛等，也能引起癌症。五十年代嘉南平原居民長期飲用含砷地下水因而罹患烏腳病，曾引起社會大眾的關切。

⑤其他如鉻、鋅、銅、鎳、錫、釩（表 14.2）等都可能造成對環境的污染，其污染的情形與上述汞、鎘、鉛的污染類似，此處不再細述。

(2)其他非有機物污染：有一些非金屬元素也可能造成水污染，以下簡述之。

①氯：氯常被加在飲用水中以消殺細菌，也被用在污水處理場中消滅微生物，但氯有副作用，會殺死藻類以及傷害魚族。

②酸：許多工業製造使用強酸，如硫酸、硝酸、鹽酸等，其工廠排放的廢水，可以污染水質。

③石綿（Asbestos）：石綿為矽酸鹽之化合物，是一種纖維狀組織。石綿因有耐熱耐火性質，通常多被用於建築業，例如製造石綿水泥瓦或瓷磚。石綿容易飄流在空中，是大都市中常見的空氣污染物；礦區或工廠將含石綿之廢水倒

入河床或其他水體，故水中也常發現有高濃度的石綿。石綿吸入體內會產生呼吸不順暢、肺部纖維化，也可能引起肺癌。若長期飲用含石綿的水可能會引起胃癌。

(3)有機化合物污染：每年都有許多新的化學產品上市，它們都是人工合成的有機化合物。這些工業產品對生態環境常有負面的影響，例如 DDT、多氯聯苯、戴奧辛等；也像前述重金屬一樣，能儲存於生物體內，以下是常見的幾種有機化合物的污染。

①滴滴涕：有機化合物滴滴涕（DDT, Dichloro-diphenyl-trichloroethane）發明於 1930 年代作為殺蟲劑使用，二次大戰時曾被廣泛使用於除滅蝨子、蚊蟲，避免傷寒、瘧疾等傳染病的流行，拯救了數以萬計的生命。之後 DDT 更被使用於農田以抑制蟲害，DDT 的發明人穆勒（Paul Muller）也因其成就在 1948 年獲得了諾貝爾生理暨醫學獎。

但不幸的是，凡事有其利必有其弊，繼 DDT 使用後不久，其弊端也逐漸被揭露，在噴灑 DDT 地區，發現有一些害蟲存活下來並逐漸產生抗藥性；這些具抗藥性的害蟲繁衍之後代，也繼承了抗藥性，如此演變下去，需要使用越來越重的藥劑量，才能達到防治的效果。此外 DDT 也被發現能儲存於生物體的脂肪組織內，如同前述重金屬積存於生物體內，在食物鏈中較高環節，會累積到極高的濃度。它甚至影響鳥類鈣的新陳代謝，鳥吃了含 DDT 的蟲類，所生的鳥蛋變得薄且脆而不能孵化成功，知更鳥甚至因此有滅種的危機。1962 年，瑞秋‧卡森女士（Rachel Carson）出版「寂靜的春天」，曾對此

有詳盡的描繪，引起了社會廣泛的迴響。繼卡森女士的發現後，資料陸陸續續顯示許多魚類、鳥類、蟲類都受到DDT毒害，美國的環境保護總署終於在1972年下令禁止DDT的使用。但事過20年，DDT卻仍可

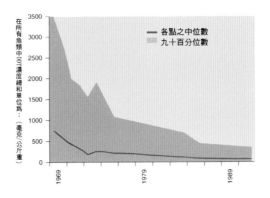

<figure>

在所有魚類中DDT濃度總和單位為：（毫克/公斤重）

— 各點之中位數
▨ 九十百分位數

1969　　1979　　1989

</figure>

圖14.4 環境中有機化合物的污染不容易消除，例如美國於 1972 年起禁止使用DDT，但事過二十年，DDT卻仍可發現於魚類組織中

圖片取自 Carla W. Montgomery and Edgar W. Spencer, Natural Environment, McGraw Hill Custom Publishing

發現於魚類組織中（圖 14.4），可見這些有機化合物對環境的影響有多大。

②多氯聯苯（PCBs）：多氯聯苯是一種穩定性佳的有機化學物質，不易被熱分解、不易被氧化、不溶於水、不易導電，因此 30 年代起曾廣泛使用於電容器、變壓器、及其他工農業產品中。但因多氯聯苯污染的特性，它具親油脂性，不易由人體內排出。1979 年台中縣神岡、鹿港及彰化地區，曾發生大規模誤食提煉過程中遭多氯聯苯污染的米糠油，造成二千餘人中毒的事件，一時駭人聽聞。美國於 1977 年禁止使用，全球各國也於 80 年代紛紛停止使用。但因其在環境中難以分解，且可經由空氣、水及物種遷徙而擴散，所以仍有可能造成污染問題。多氯聯苯中毒症狀有皮膚長瘡、指甲變黑、呼吸和免疫系統受損、痛

風、貧血等等，嚴重的可引發肝癌和胃癌。

③戴奧辛（dioxin）：戴奧辛是一種 75 種化合物之通稱，戴奧辛並無商業用途，它是由含氯物質燃燒或製造含氯物質時所產生，如垃圾焚化爐、造紙廠、化學工廠等，其中尤以焚化爐為產生戴奧辛之主要來源，當戴奧辛從焚化爐之煙囪排出，它可被風帶到遠處的土地或水中。當牧草遭到污染，乳牛吃牧草，因此鮮乳內含高含量的戴奧辛；養鴨場的水質若收到污染，鴨蛋內戴奧辛的含量也將超過標準值許多，所以當某地養鴨場受到污染，其生產的鴨蛋及鴨肉須全部被銷毀（圖 14.5）。

戴奧辛能破壞神經系統、免疫系統，甚至能致癌，因具急毒性，故被稱為「世紀之毒」。它和前述多氯聯苯一樣，均具親油脂性，不易由人體內排出，會長期留在人體脂肪組織內，嬰兒若長期食用被污染的牛奶，因其抵抗力微弱更易受到傷害，所以對戴奧辛污染環境的問題不容忽視。

④塑膠：塑膠製品是目前在我們的日常生活中，最常使用的聚合高分子有機化合物，它是由聚苯乙烯、聚丙烯、聚氯乙烯等高分子化合物製成的各類生活塑膠製品，由於使用量大且常被棄置，而且由於其在自然情況下不易分解，因此常造成環境污染。解決其污

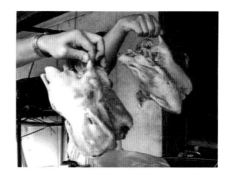

圖14.5 養鴨場的水質收到戴奧辛污染，其生產的鴨蛋鴨肉須全部銷毀

染，塑膠的回收工作是當務之急。一般解決回收的塑膠方法是與垃圾一同掩埋，或是將廢塑膠直接進行焚燒處理，前者需要許多土地作垃圾掩埋場，後者會產生大量黑煙及戴奧辛的污染，兩者都不盡理想。

⑤石油外洩：石油外洩也是一種常見的有機化合物污染，由於每年都常發生油輪觸礁、互撞或沉沒，油管或油槽破裂，煉油廠漏油等等事件，造成對環境嚴重的污染，需要許多經費才能清理外洩黏稠的油污及恢復生態環境，美國每年水域的石油外洩，估計約為一千萬加崙。

⑷熱污染：熱污染，即釋放廢棄的熱能，是產生能源中的副產品，例如汽車的排氣、冷暖氣系統，都會對大氣產生熱污染，但大部分的熱污染規模都較小，比較嚴重的熱污染來自發電廠及其他工業用的冷卻水。當這些被加熱的水排放至河流或近海，使周圍的水溫升高，便會影響環境的生態。例如，最適合綠藻生長的水溫是 30℃～35℃，最適合藍綠藻生長的水溫是 35℃～40℃，升高水溫有利於藍綠藻的生長，但藍綠藻含養分較貧乏並可能對一些魚類品種有毒；有些魚類的卵須在較冷一點的海水才能孵出，故升高水溫幾度，可能影響魚類的繁殖。此外改變水溫會影響水中化學反應速率及水的化學性質，例如，水中溶解氣體的濃度如溶氧量等因水溫改變，而溶氧量對魚的生存是很關鍵的。台灣核三廠附近的珊瑚群的生態，就明顯受到熱污染的影響。

3. 有機物質

　　有機物質（以別於前節之有機化合物）是指生物和其遺體及它們的排出物，包含森林的落葉、動物排泄、水中藻類等許多不同項目，例如動物飼養及農事活動產生高濃度有機肥料（圖 14.6）、食物加工廠排出許多有機物質於廢水中等都是有機物質來源。

圖14.6 動物飼養場產生高濃度有機肥料，製造了環境污染問題

　　有機物質不僅常是細菌的溫床使疾病得以傳染，它也製造了另一個環境污染問題。有機物質通常會逐漸被微生物，尤其是細菌分解，如果水中有充分的氧氣，它會被好氧性微生物分解（消耗氧），其過程需要大量氧氣；最終水中氧氣消耗盡淨，厭氧性微生物繼續從事分解有機物質工作，這個分解過程製造一些有毒氣體，如硫化氫（H_2S）和甲烷（CH_4）等。因水中含有毒氣體及氧氣的耗盡，魚類全部死光，水域宣告死亡。

　　(1)生化需氧量（Biochemical Oxygen Demand）：水中含有機物質的多寡，常用生化需氧量（縮寫 BOD）這個參數來衡量。BOD 是指細菌分解水中有機物質所需的氧氣量，因水中含有機物質越多，BOD 便越高，故 BOD 常作為水質管理的權衡標準。

　　BOD 事實上常遠超過水中真實的溶氧量，當水域中氧氣耗盡時，水中溶氧會隨時間逐漸恢復以達於化學平衡，圖中顯示河流中溶氧量如何隨廢水（圖 14.7上）與有機物質（圖

14.7 下）的釋放降於最低，
然後再逐漸恢復。

(2)優養化（eutrophication）：
過量有機物質的分解不僅消
耗水中氧氣，也釋放一些化
合物於其中，例如硝酸鹽、
磷酸鹽、矽酸鹽等；硝酸鹽
與磷酸鹽特別是植物營養所
需，水體中若富含這些營養
鹽，將刺激植物包括藻類等
的生長，這種水質中富於營
養鹽的現象稱為優養化。水
質優養化將造成藻類大量繁
殖，並且加速水質的惡化，
有些藻類甚至有毒性，例
如台灣沿海常有紅潮發生，
造成水族大量死亡，便
是由於鞭毛藻大量繁殖
形成。圖 14.8 顯示藻
類在表面受光層生長，
在寒冷時死亡下沉於水
底，增加 BOD 並製造
營養鹽，如此周而復
始，水質便逐漸優養
化。除了天然的優養化
外，人為的活動也會使

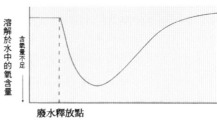

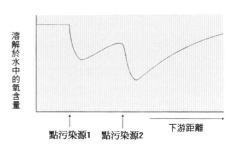

圖14.7 河流中溶氧量隨廢水（上圖）與
　　　點污染源（下圖）的釋放降於最
　　　低，然後再逐漸恢復

圖片取自Carla W. Montgomery and
Edgar W. Spencer, Natural
Environment, McGraw Hill
Custom Publishing

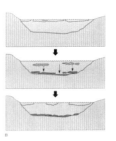

圖14.8 藻類在表層生長，在寒冷時死亡下
　　　沉於水底，增加生化需氧量並製造
　　　營養鹽，水質因此逐漸優養化，造
　　　成藻類大量繁殖

圖片取自Carla W. Montgomery and Edgar
W. Spencer, Natural Environment,
McGraw Hill Custom Publishing

水質優養化，例如使用農藥、肥料、廢水與洗衣粉等，其中都含豐富的硝酸鹽與磷酸鹽，加速水質優養化。

4. 農業污染

農業活動中使用的農藥、肥料等物質，流入水體中，因此使得水體受到污染。茲略敘於下：

(1)肥料：肥料的三個主要成分為硝酸鹽、磷酸鹽與鉀，因為在使用時都須與水摻和，所以也會溶於地表水或地下水中使水體優養化，如前節所述。減少人工肥料的使用可減緩其造成的環境污染，例如可定期置放豆莢於植物根部使細菌分解它們產生硝酸鹽，或者施放牲畜糞便得到類似效果，但這個又產生了水體 BOD 問題，所以要解決肥料造成的污染問題並不簡單。

(2)沉積物污染：有一些農耕活動造成附近湖泊或河流沉積物污染，使水質混濁不適飲用（圖 14.9），也影響水族生存。石門水庫近年來每每颱風或大雨便水質混濁，使桃園縣居民苦不堪言，其原因可能跟水庫上游農作物種植過盛有關。解決沉積物污染並不容易，圖為其中一種解決方案，將表面逕流匯入

圖14.9 農耕活動造成沉積物污染，使河流或湖泊水質混濁不適飲用

池塘使其沉積物沉積，從池塘水道流出的即為乾淨的水（圖14.10）。

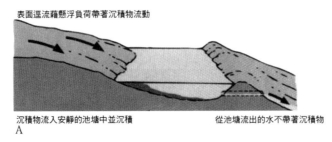

表面逕流藉懸浮負荷帶著沉積物流動

沉積物流入安靜的池塘中並沉積　　　　　　　　從池塘流出的水不帶著沉積物
A

B

圖14.10 藉著將表面逕流匯入池塘使其沉積物沉積，從池塘水道流出的即為乾淨的水

圖片取自 Carla W. Montgomery and Edgar W. Spencer, Natural Environment, McGraw Hill Custom Publishing

⑶除草劑與殺蟲劑：大多數的除草劑與殺蟲劑都是由有機化合物合成的，它們對環境的為害與污染已在工業污染一節提及，特別是昆蟲對殺蟲劑產生抗藥性，因此殺蟲劑的藥劑量越來越加重，造成嚴重的環境污染。

　　解決除草劑與殺蟲劑造成的污染，一者積極開發低毒性藥劑或無毒性的自然代替品，使用有毒性的藥劑只是最後的殺手，非到萬不得已不輕易使用，此舉可減輕對環境的污染。例如種植金盞花和大蒜可驅走部分害蟲，使用天然的非矽藻土作為白蟻驅蟲劑，使用對人體無害的真菌來殺死蚊蟲等等。近年來生物科技進

步，未來也許可以合成一些物質來抑制蟲類與青草的生長，將可一勞永逸的解決污染問題。

⚡空氣污染

我們的大氣由氮（76.6%）、氧（23.1%）及其他總和小於 1% 的氣體包括惰性氣體等構成。地球大氣的來源如第二章中所述，是在地球漫長的歷史中漸漸累聚而成的，它是所有生物生存不能缺少的條件，然而因為經濟的發展及工業化，使我們賴以存活的大氣也遭到污染。

空氣污染的代價是很高的，它不僅影響了人體健康，也需要極高的成本來修復。根據估計，全球光是森林作物因空氣污染而造成的損失，每年就超過四百億美元，其他方面的損失就更不用說了。

1. 原則

如同前述水污染原則，空氣中的氣體物質亦構成其自身的循環，並有各自的停留時間。例如氧循環，氧藉著植物的光合作用加到大氣中，並藉著動物的呼吸、溶解於海水、燃燒及岩石風化作用從大氣中被消耗，它在大氣的停留時間為 700 萬年。

2. 空氣污染的種類和來源

污染大氣的主要是下列這些氣體：

⑴碳氣體：污染大氣的碳氣體的主要是一氧化碳（CO）及二氧化碳（CO_2）。

①二氧化碳：二氧化碳對人體是無害的，在大氣中的二氧

化碳形成一循環，藉著火山活動、生物體的呼吸、燃燒化石燃料及植物的分解等過程，二氧化碳被釋放於大氣中。二氧化碳在植物的光合作用中被吸收，亦可溶解於海洋中（約 50 倍於大氣），或在海水中

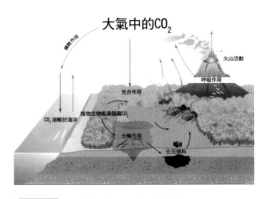

圖14.11 大氣中的二氧化碳循環

圖片取自 Steven A. Ackerman and John A. Knox, Meteorology, Brooks/Cole Thomson Learning

與一氧化鈣結合沉澱為碳酸鈣（圖 14.11），一般二氧化碳的化學反應式如下。

$C + O_2 \rightarrow CO_2$（燃燒）

$CaO + CO_2 \rightarrow CaCO_3$（碳酸鈣）

關於二氧化碳，過去認為大氣中與海洋中的二氧化碳處於化學平衡，因此海洋會溶解在大氣中過量的二氧化碳，現今發現並非如此。二氧化碳造成的問題主要是它能吸收熱能，形成溫室效應，在已過的一世紀中，大氣中的二氧化碳大約增加了 30%，主要是由於人類過度使用化石燃料，而且其增長趨勢仍然持續，大氣中過量的二氧化碳造成全球暖化現象，關於這個問題我們在第九章曾經討論過。

②一氧化碳：一氧化碳是一個無色無臭無味的有毒氣體，它是出於燃燒的副產品，正常狀況下碳與氧結合產生二氧化

碳，但是在不完全燃燒下產生了一氧化碳，它在大氣的中主要污染來源是由於汽車引擎燃燒的不完全，特別是一些老舊的車子，一氧化碳燃燒的化學反應式如下。

$$2C + O_2 \rightarrow 2CO$$

一氧化碳的毒性是在於它到了體內血液中，會與搬運氧氣的血紅素結合，其結合力大約是氧氣的 250 倍，所以，能取代氧氣與血紅素的結合，因此影響了血紅素的攜氧能力。一般吸入少量的一氧化碳會有頭痛、昏眩、噁心之感，嚴重情況會使患者失去知覺甚至死亡，常見報導自殺或瓦斯中毒事件都是由於一氧化碳中毒。

(2)硫氣體（Sulfur Gases S）：硫氣體一部分來自天然硫黃礦的開採使用（圖 14.12），但硫氣體主要來源為人為活動；很多礦物中均含硫成分，工廠處理這些礦物時產生二氧化硫（SO_2）；因此每年有將近超過 5 千萬噸的硫氣體被排放於大氣中；其中三分之二來自工廠、電力公司或自家用戶燒煤時所產生。硫氣體亦來自石油

圖14.12 天然硫黃礦

裂解過程及燃燒石油；在大氣中二氧化硫容易與水蒸氣與氧作用（如下化學方程式），形成具強腐蝕性的硫酸，造成酸雨；在工業開發國家中酸雨對動植物的傷害，一直是一個讓

人頭痛的問題。

$$SO_2 + H_2O + ½ O_2 \rightarrow H_2SO_4 \text{（硫酸）}$$

(3)氮氣體（N_2）：大氣中的氮氣體來自長時期火山噴發的氮氣積聚於大氣中。

氮氣體是一種惰性氣體，不容易與其他氣體發生反應，因此氮氣與氧氣是大氣中含量最豐富氣體。氮氣與氧氣作用形成二氧化氮（NO_2）與一氧化氮（NO），它常產生於引擎或火爐的高溫中。

氮氣在空氣中會與水蒸氣及氧氣作用，形成硝酸，具有強腐蝕性。

$$2NO_2 + H_2O + ½ O_2 \rightarrow 2HNO_3 \text{（硝酸）}$$

全球每年燃燒各種礦物估計排出約 5 千萬噸二氧化氮至大氣中。

(4)氟氯碳化物（Chlorofluorocarbons CFC_S）：氟氯碳化物是一種在空調與冰箱中作為冷媒用物質，由於空調與冰箱使用中常有漏氣現象，這些氣體被釋放於大氣中，並且不容易分解，它們可在大氣中停留 100 年；過多的氟氯碳化物使大氣中的臭氧層受到破壞，造成臭氧層破洞。臭氧層有吸收大部分紫外線及宇宙射線功能，使它們不致傷害人身體，這點我們下節再細述。鑑於氟氯碳化物破壞臭氧層的嚴重性，美國於 1970 年代頒布主要兩種氟氯碳化物 CFC-11 與 CFC-12 的禁令，1988 年 23 個國家也在加拿大制定了蒙特婁協定限制

它們的使用，因此全球的使用量都大幅降低（圖 14.13），
然而因氟氯碳化物在大氣中的穩定性，它們在大氣中的濃度
並未隨之降低（圖 14.14）。

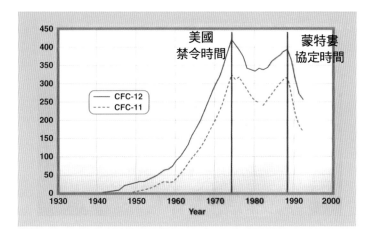

圖14.13 美國於 1970 年代頒布主要兩種氟氯碳化物 CFC-11 與 CFC-12 的禁令，
1988 年 23 個國家也在加拿大制定了蒙特婁協定限制它們的使用，因此全
球的氟氯碳化物使用量都大幅降低

圖片取自 Steven A. Ackerman and John A. Knox, Meteorology, Brooks/Cole
Thomson Learning

⑸鉛氣體（Pb）：鉛污染在前述水污染時已提及，此處強調鉛
氣體污染。以往大氣中的鉛氣體主要來自燃燒汽油所排出的
廢氣中含鉛，但目前已被限制使用。鉛並不是石油中原有成
分而是被使用作為添加物，1940 年代始被採用以增進引擎
工作效能。此外一些化合物中，例如油漆，亦被加進鉛以增
加其效能。

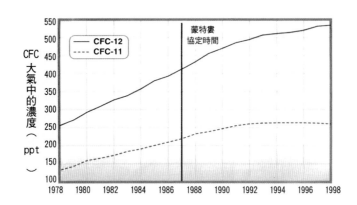

圖14.14 氟氯碳化物在大氣中極穩定，因此它們在大氣中的濃度並未隨各國禁令而
降低

圖片取自 Steven A. Ackerman and John A. Knox, Meteorology, Brooks/Cole
Thomson Learning

鉛是一種重金屬，會積聚於人體而造成傷害，成分高時會傷
害腦部，輕微鉛中毒會傷害人體神經系統造成憂鬱厭世等現
象，一般估計都市中孩童至少有 5% 到 10% 會受到鉛中毒
傷害。

以上因素使鉛的使用受到管制，70 年代起美國環保署規定
減少汽車中鉛的使用量，測量證實此措施使大氣中及人體中
的鉛氣體也相對減少了 65%（圖 14.15），1996 年起石油中
加入鉛附加物作法已被全面禁止，故大氣中鉛氣體污染情形
已不如以往嚴重（圖 14.15）。

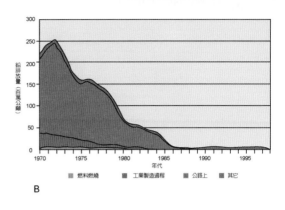

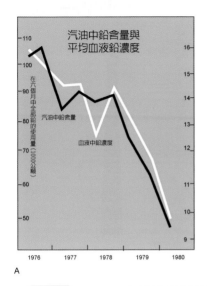

圖14.15 (A) 1970 年代起美國環保署規定減少汽車中鉛的使用量，測量證實此措施使大氣中及人體中的鉛氣體也相對減少。(B) 至今鉛在大氣中含量已經很微少了

圖片取自Carla W. Montgomery and Edgar W. Spencer, Natural Environment, McGraw Hill Custom Publishing

3. 認識臭氧層

⑴對光譜的認識：

①任何一種光線或熱能都可看作是一種波的輻射，其波長的範圍如圖 14.16。②太陽光的輻射是一種短波輻射，其輻射範圍包括紫外線（0.2～0.4 微米）、可見光（0.4～0.7 微米）及紅外線等。③當陽光照射地表一段時間後，地表被加熱而放射熱輻射或稱長波輻射，波長為 4 至 100 微米。④長波輻射被大氣中的氣體如氧（O_2）、臭氧（O_3），水蒸氣及二氧化碳（CO_2）吸收。

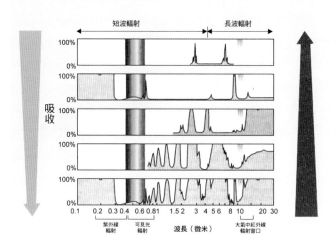

圖14.16 大氣對短波輻射與長波輻射的吸收

圖片取自Steven A. Ackerman and John A. Knox, Meteorology, Brooks/Cole
　　　　Thomson Learning

(2)在光譜中的紫外線及宇宙射線是對人體有害的，因為它們在
　　光譜中是在高頻端（波長短），故具有極高的能量，人體若
　　長期暴露於紫外線或宇宙射線下，其組織會受到這些射線破
　　壞而致皮膚癌。所幸在平流層上部（見第二章）的臭氧層
　　（O_3）將紫外線及宇宙射線吸收，這個過程使得地球的生物
　　圈受到保護。當大量的冷媒產物氟氯碳化物被釋放並停留大
　　氣中，它使大氣中的臭氧層受到破壞造成臭氧層破洞，在臭
　　氧層中的正常化學反應與氟氯碳化物如何參與化學反應並破
　　壞臭氧的講解如下。

(3)臭氧層的化學反應：臭氧層的正常化學反應有下列幾個步
　　驟：

①

O$_2$ + UV（紫外線）→O + O

2O + 2 O$_2$→2O$_3$

淨反應：3 O$_2$ + UV→2O$_3$

②

O$_3$ + UV→O + O$_2$

O + O$_3$→2O$_2$

淨反應：2O$_3$ + UV→3O$_2$

這兩個化學反應分別製造與消耗臭氧，使臭氧層（O$_3$）達於平衡不至於消減。

(4)當氟氯碳化物存在並作為催化劑，下列化學反應產生。結果使臭氧層（O$_3$）被一些分子如氯分子等破壞。

X + O$_3$→XO + O$_2$

O$_3$ + UV→O + O$_2$

O + XO→X + O$_2$

淨反應：2O$_3$ + UV→3O$_2$

(5)臭氧層破洞（ozone depletion）：圖 14.19 為 90 年代南極上空發現之破洞。經報導後臭氧層破洞問題才受到大眾重視。美國佛羅里達州在 90 年代初亦發現上空有臭氧層破洞，一時之間在海水浴場戲水人群大幅減少，州政府作了許多措施

防堵冷媒的遺漏，經多方努力這個臭氧層破洞在幾年前已經改善了。

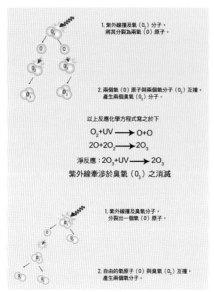

圖14.17 臭氧層的正常化學反應

圖片取自Steven A. Ackerman and John
A. Knox, Meteorology, Brooks/
Cole Thomson Learning

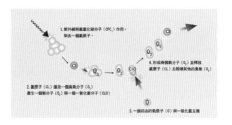

圖14.18 當氟氯碳化物存在並作為催化
劑時的臭氧層化學反應

圖片取自Steven A. Ackerman and John
A. Knox, Meteorology, Brooks/
Cole Thomson Learning

4. 酸雨（Acid Rain）

酸雨是一種酸性較一般雨水高的雨水；一般大氣中含有二氧化碳，二氧化碳溶解於雨水使雨水本身呈弱酸性，其 pH（酸鹼）值約為 5.6。由於許多工業生產製造中，釋放一些致酸物質如二氧化硫（SO_2）、二氧化氮（NO_2）或氯化氫（HCl）等至空氣中，這些氣體與大氣中的水汽產生化學反應，形成硫酸（H_2SO_4）、硝酸（HNO_3）或鹽酸（HCl），它們均具強烈刺激性與腐蝕性，使

雨水成酸性，稱為酸雨，其 pH 值大多在 5.0 以下；酸雨會污染水源、傷害動植物、破壞建築物，是已開發工業國家一個極其困擾的問題。圖 14.20 為酸雨腐蝕的一個顯明例子，圖左為雕刻於 1600B.C. 埃及的花崗岩石塔 Cleopatra's Needle 在搬運至紐約中央公園前的照相，歷 3,500 年字跡仍呈新鮮外貌；圖右為置放中央公園 75 年後照相，表面字跡都完全模糊了，可見酸雨腐蝕的厲害。

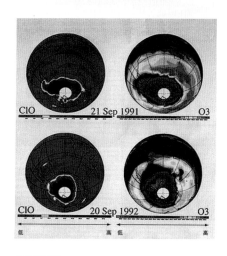

圖14.19 90 年代南極上空發現有臭氧層破洞

圖片取自 Steven A. Ackerman and John A. Knox, Meteorology, Brooks/ Cole Thomson Learning

圖14.20 埃及花崗岩石塔 Cleopatra's Needle，雕刻於 1600B.C.，搬運至紐約中央公園前的照相（左）及安置後 75 年照相（右）

圖片取自 Carla W. Montgomery and Edgar W. Spencer, Natural Environment, McGraw Hill Custom Publishing

5. 空氣污染與天氣的關係

如果你曾在洛杉磯城待過一段時間，你或許有過這樣的印象，雨後天晴的洛杉磯和平常的洛杉磯比較（圖14.21），判若兩個不同城市，為何有如此不同的景觀呢？答案可想而知──空氣污染。事實上在許多大城市，空氣污染都非常嚴重，下面是幾個與空氣污染有關的天氣因素。

圖14.21 天空煙霧濛濛的洛杉磯城

⑴風速：風速與城市空氣污染關係密切，圖 14.22 可見，若煙囪頂每秒鐘釋放一次污染物質，當風速為 10 公尺／秒時，兩次污染物質間相距 10 公尺；當風速為 5 公尺／秒時，兩次污染物質間相距 5 公尺；故風速 5 公尺／秒時空氣中污染物質的濃度為風速 10 公尺／秒時的兩倍。

圖14.22 風速 5 公尺／秒時空氣中污染物質的濃度為風速 10 公尺／秒時的兩倍

圖片取自Frederick K. Lutgens and Edward J. Tarbuck, The atmosphere, Prentice Hall 8th Ed.

這就是為什麼城市內空氣污染多發生在風速微弱或平靜時候，很少在起風的日子；此外風速大時空氣快速被攪動，污染的空氣迅速被周圍空氣混合稀釋，因此也減輕了污染的後果。

⑵溫度：溫度因素對城市空氣污染的影響是很重要的。氣體對流有一特性，熱空氣較輕而上升，冷空氣較重而下降；在白

天時，因為地表吸熱較空氣快，地表最熱，故溫度隨高度增加而下降，此時污染的氣體在高空中得以擴散（圖 14.23左）；但是在夜晚地表散熱較空氣快，地表較冷，溫度隨高度增加而上升，隨後再下降，因此溫度曲線有反轉現象，污染的物質被挾持在此溫度反轉層中，故夜晚時分空氣污染情形比白日嚴重（圖 14.23右）。

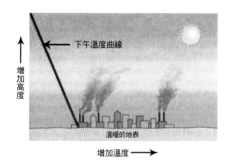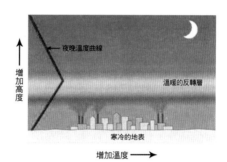

圖14.23 在白天溫度隨高度增加而下降，污染的氣體在高空中得以擴散（左）。在夜晚溫度曲線顯示反轉層，污染的物質被挾持在反轉層中而不易擴散（右）

圖片取自 Frederick K. Lutgens and Edward J. Tarbuck, The atmosphere, Prentice Hall 8th Ed.

(3)反氣旋：另一種空氣污染見於反氣旋，如第十章所述反氣旋是高壓中心，產生下沉氣流，在低空造成溫暖的反轉層，使污染空氣無法擴散（圖 14.24），而且反氣旋的高壓停留時間

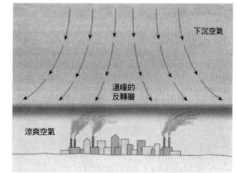

圖14.24 反氣旋是高壓中心，產生下沉氣流，使污染的空氣無法擴散

圖片取自 Frederick K. Lutgens and Edward J. Tarbuck, The atmosphere, Prentice Hall 8th Ed.

很長有時可達數週之久，更加重污染的嚴重性。

1999 年小約翰甘迺迪在長島駕機飛行失事，據研判就是飛行時遇到反氣旋造成的污染，當時天空灰濛濛的一片，很難分辨天空與海面，通常飛行駕駛員遇到這種情形必須靠飛航儀表的幫助以判斷飛機的位置。很不幸的是小約翰當時是個飛行新手，對使用飛航儀表並不熟練，無法有效判斷飛情，最終飛機墜海失事。

(4)地形：地形也是造成某些城市空氣污染的原因，以加州洛杉磯為例，從西面太平洋海面來的冷空氣被洛杉磯東面的落磯山所阻，在城市上方的污染空氣無法向內陸或海上擴散，因此造成該城嚴重的空氣污染（圖 14.25上）。另有一些城市建於山谷或盆地，例如克羅拉多州的丹佛市，因山谷處空氣較冷，上空從陸地來的空氣較暖，造成溫暖的反轉層，使污染空氣停滯在山谷中（圖 14.25下）。

圖 14.25 （上）從海面來的冷空氣被山麓所阻，在城市上方的污染空氣無法擴散，造成空氣污染。（下）陸地來的暖空氣使污染空氣停滯在山谷中，造成污染

圖片取自 Carla W. Montgomery and Edgar W. Spencer, Natural Environment, McGraw Hill Custom Publishing

(5)降雨：雲的形成與空氣中的灰塵物質有關，這些物質成為凝

結核以吸附小水滴，故凝結核越多降雨機會越高，這就是為何在缺雨時飛機噴灑乾冰或碘化銀在雲中以吸附水滴，稱為「種雲」（cloud seeding）。同樣原理當空氣中多污染物質時，空氣中增加許多凝結核，降雨的機會也增加，這個現象已經在許多地方被證實。

$Q\&A$

1. 何謂水污染？

2. 何謂居留時間？它與水污染有何關係？

3. 請解釋點污染源與非點污染源。

4. 何謂汞污染？如何造成？

5. 何謂砷污染？如何造成？

6. 何謂鎘污染？如何造成？

7. 何謂戴奧辛污染？如何造成？

8. 何謂熱污染？請舉例說明。

9. 何謂生化需氧量？它與生物生存有何關係？

10. 何謂優養化？優養化如何使得水體受到污染？

11. 農業的一些活動中如何使得水體受到污染？

12. 臭氧層功能為何？氟氯碳化物如何造成臭氧層破洞？

13. 何謂酸雨？工業生產製造中產生致酸物質有那些？

14. 溫度曲線的反轉現象為何造成城市的空氣污染？

15. 反氣旋為何造成城市的空氣污染？

參考書目

Alan P. Trujillo and Harold V. Thurman, Essentials of Oceanography, Prentice Hall College; 8th ed. 2004

Art Bell and Whitley Strieber, The Coming Global Superstorm, Pocket Books; 2000

Brian J. Skinner and Stephen C. Porter, The Dynamic Earth: An Introduction to Physical Geology, John Wiley&Sons; 3th ed. 1995

Edgar W. Spencer, Introduction to the Structure of the Earth, Mcgraw-Hill College; 3rd ed. 1988

Brigitte Zanda and Monica Rotaru, Meteorites, Cambridge Univ. Press; 2001

Charles C Plummer, David McGeary, and Diane Carlson, Physical Geology, McGraw-Hill Science; 10th ed. 2004

Carla W. Montgomery and Edgar W. Spencer, Natural Environment, McGraw Hill Custom Publishing; 7th ed. 2003

Carolyn Summers and Carlton Allen, Cosmic Pinball, Mc Graw-Hill Science; 2000

Discovery Channel，吳天瑞、陳孟詩、陳雲蘭譯，氣象的奧秘，協和國際多媒體；民 88[1999]

Donald C. Ahrens, Meteorology Today, Brooks/Cole Thomson Learning; 7th Ed. 2004

Donald Hyndman and David Hyndman, Natural Hazards and Disasters, Brooks Cole; 1th ed. 2005

Edgar W. Spencer, Earth Science: Understanding Environmental Systems, McGraw-Hill Science; 1th ed. 2002

Edward J. Tarbuck and Frederick K. Lutgens, The Earth, Macmillan Publishing; 1990

Eric Chaisson and Steve McMillan, Astronomy: A Beginner's Guide to the Universe, Prentice Hall; 5th Ed. 2006

Frederick K. Lutgens and Edward J. Tarbuck, The atmosphere, Prentice Hall; 9th Ed., 2003

George D Garland, Introduction to geophysics: Mantle, core, and crust, Saunders; 2nd ed. 1979

Harold V. Thurman, Introductory Oceanography, Prentice Hall; 8th ed. 1994

James B. Seaborn, Understanding the Universe, Springer; 1st ed. 2005

James S. Monroe and Reed Wicander, The Changing Earth: Exploring Geology and Evolution, Brooks Cole; 4th ed. 2005

James P. Kennett, Marine Geology, Prentice Hall; 1981

Jacquelyne W. Kious and Robert I. Tilling 著；陳建志、馬家齊 譯，板塊構造學說紀事，五南圖書出版公司；民 94[2005]

Jack Williams, The weather book, USA Today; 2th Ed.; 1997

Keith A Sverdrup, Alyn C Duxbury, Alison B Duxbury, and Keith Sverdrup, An Introduction to the World's Oceans, McGraw-Hill Science; 8th ed. 2004

Mason B. and Moore C.B., Principles of geochemistry, John Wisley&Sons; 4th 1982

Marcelo Aloso and Edward Finn, Fundamental University Physics,

Addison Wesley; 1980

Mike D. Reynolds, Falling stars, Stackpole Books; 2001

Patrick Leon Abbott, Natural Disasters, McGraw-Hill Science; 5th ed. 2005

R. E. Sheriff and L. P. Geldart, Exploration Seismology, Cambridge University Press; 2nd ed. 1995

Robert Horace Baker, Astronomy, 8th ed. New York: Van Nostrand; 1969

Robert Jastrow 著：蕭之的譯，紅的巨人與白的矮子，台灣商務：民 62[1973]

Steven A. Ackerman and John A. Knox, Meteorology, Brooks/Cole Thomson Learning; 2003

Roland B. Stull, Meteorology for Scientists and Engineers, Brooks Cole; 3rd ed. 2005

Stephen Gregory and Michael Zeilik, Introductory Astronomy and Astrophysics, Brooks Cole; 4th ed. 1997

Timothy Ferris 著，張啟揚譯，銀河系大定位，遠流：民 93[2004]

Tom Garrison, Oceanography, Brooks/Cole Thomson Learning; 4th Ed 2002

World Resources Institute, World Resources 2000-2001, Oxford University Press; 2000

何春蓀，普通地質學，五南圖書出版公司：民 72[1983]

何春蓀，台灣地體構造的演變，經濟部：民 71[1982]

李嘯虎，二十世紀末了的科學之爭，科技與文明：民 92[2003]

沈君山，天文漫談，中華書局：民 61[1972]

沈君山，天文新語，中華書局；民 69[1980]

戚啟勳，氣象，科學月刊自然叢書；民 67[1978]

豪華編輯部編，宇宙的百慕達三角黑洞，豪華；民 75[1986]

參考網頁（按章節順序）

http://nssdc.gsfc.nasa.gov/

http://nssdc.gsfc.nasa.gov/photo_gallery/photogallery-earth.html

http://nssdc.gsfc.nasa.gov/photo_gallery/

http://antwrp.gsfc.nasa.gov/apod/astropix.html

http://visibleearth.nasa.gov/

http://geology.usgs.gov/

http://pubs.usgs.gov/gip/

http://www.infodyn.com/rockhounds/rockhounds.html

http://pubs.usgs.gov/gip/dynamic/dynamic.html

http://www.ngdc.noaa.gov/mgg/global/global.html

http://www.platetectonics.com/

http://www.moeacgs.gov.tw/main.jsp

http://content.edu.tw/senior/earth/tp_ml/plate/plm.file/pltaiwan01.htm

http://content.edu.tw/senior/earth/tp_ml/twrock/class3/location3.htm

http://earthquake.usgs.gov/

http://earthquake.usgs.gov/regional/neic/

http://pubs.usgs.gov/gip/earthq3/

http://quake.wr.usgs.gov/

http://walrus.wr.usgs.gov/tsunami/

http://www.earth.sinica.edu.tw/

http://volcano.und.nodak.edu/

http://pubs.usgs.gov/gip/volc/

http://pubs.usgs.gov/gip/hawaii/

http://waterdata.usgs.gov/nwis/rt

http://pubs.usgs.gov/gip/ocoee2/

http://www.wra.gov.tw/

http://marine.usgs.gov/

http://www.aoml.noaa.gov/hrd/tcfaq/tcfaqHED.html

http://landslides.usgs.gov/

http://earth.fg.tp.edu.tw/learn/esf/magazine.htm

http://www.earth.ce.ntu.edu.tw/山崩教室/database/classfic/debris/土石流發生機制.htm

http://aerosol.as.ntu.edu.tw/earth/course.html

http://eem.wra.gov.tw/

http://www.cc.ntut.edu.tw/~wwwwec/eco-engineering/eco_scape.htm

http://spso2.gsfc.nasa.gov/

http://eospso.gsfc.nasa.gov/

http://edcwww.cr.usgs.gov/earthshots/slow/tableofcontents

http://www.ciesin.org/

http://email.ncku.edu.tw/~em50190/ncku/196/b/b1.htm

http://www.cwb.gov.tw/

http://photino.cwb.gov.tw/tyweb/mainpage.htm

http://home.earthlink.net/~rhulecki/drylinetstorms/Dryline.html

http://www.cwb.gov.tw/

http://www.eddierock.com/meteo/meteorite.htm

http://home.dcilab.hinet.net/lcchen/511qch01.htm

http://www.eia.doe.gov/emeu/aer/

http://www.eia.doe.gov/emeu/iea/

http://www.osmre.gov/osm.htm

http://energy.usgs.gov/

http://www.eia.doe.gov/oiaf/aeo/overview.html

http://www.eia.doe.gov/oiaf/ieo/index.html

http://www.moeaec.gov.tw/

http://water.usgs.gov/

http://water.usgs.gov/nwsum/sal/index.html

http://www.epa.gov/safewater/

http://www.epa.gov/

http://www.epa.gov/air/airtrends/reports.html

http://www.epa.gov/docs/ozone/science/

http://pubs.usgs.gov/acidrain/

http://sedac.ciesin.columbia.edu/ozone/

詞彙及中英對照

Aa 塊狀熔岩：

熔岩凝固時成碎塊，表面多成裂縫或鋸齒狀。

Abrasion 磨蝕：

外力使岩石與岩石間相互磨損的作用。

Absolute Dating 絕對定年：

對照衰變的半衰期，即可推算岩石年齡，這種定年法稱為放射性定年。

Accretion 合併作用：

太陽系形成期間，在各行星軌道附近小的物質相撞逐漸附合為大的物質，最終造成現今太陽系的構造。

Achondrites 無球粒隕石：

石質隕石中缺乏球狀結晶礦物者。

Acid Rain 酸雨：

酸性較一般雨水高的雨水，會污染水源、傷害動植物及破壞建築物，多發生於已開發工業國家。

Active Margin 活動型邊緣：

在太平洋區的大陸邊緣，多伴隨著地震與火山活動，故稱之為活動型邊緣。

Active Volcano 活火山：

近期內曾噴發過的火山。

Air Mass Thunderstorm 氣團雷雨：

由熱帶海洋氣團所造成的雷雨，主要是由於地表的熱輻射造

成。

Alluvial Fan 沖積傘：

河流沉積物流出山谷失去能量，在河口造成傘狀堆積物。

Angle of Repose 休止角：

物質在斜坡所能停留的最大坡角度，超過此角度，斜坡上物質開始滑動。

Anthracite 煙煤：

含炭質最高、品質最佳的煤。

Arête 刃嶺：

尖狹如鋸齒狀的山脊，由兩側冰川向脊線朔源侵蝕造成。

Asthenosphere 軟流圈：

在岩石圈下方，深至 350～650 公里，因其緩慢流動帶動岩石圈，產生所有地球表面的活動及地質現象。

Atolls 環礁：

中心海島消失，只剩下周圍如環狀之珊瑚礁，中間有潟湖。

Barrier Island 堰洲島：

狹而長的沙洲或海島，離岸且平行於海岸線，有潟湖相隔。

Barrier Reef 堡礁：

珊瑚礁四圍生長，其間有潟湖（lagoon）與中間的島相隔

Bedding 層理：

沉積岩的主要特徵，依礦物顆粒大小、成分差異、結構生成環境之不同，呈層狀構造。

Benioff Zone 班尼霍夫帶：

沿著海溝向大陸或島弧底下不斷發生從淺源到深源的地震，這裡是主要的地震帶，稱為班尼霍夫帶。

Big Bang 大爆炸說：

宇宙起源的學說之一，由 George Gamow 提出，說明宇宙起源於大爆炸，並且所產生之眾多銀河均在不斷擴張中。

Biochemical Oxygen Demand 生化需氧量：

為一參數表明水中含有機物質的多寡，即細菌分解水中有機物質所需的氧氣量。

Biomass 生物能源：

使用有機物質如樹木、甘蔗、糞便等為能源，是比較乾淨、副作用較少的能源。

Black Hole 黑洞：

質量極大的星球，當重力崩潰時龐大的重力使其超越其他一切作用力並塌陷至體積幾乎為零，密度無限大，吸收一切物質及所經光線，故被稱為黑洞。

body wave 實體波：

穿越地球內部地震波，包括 P 波與 S 波。

Braided stream 辮狀河：

河流發展而成的一群不時聚合和分離的多河道系統。

Caldera 破火山口：

由原火山口經過崩陷或爆裂因而擴大的火山口。

Capacity 最大負載量：

一條河流所能夠搬運物質的總量。

Central Eruption 中心噴發：

岩漿從中心之火山頸噴發，它構成了錐形構造，中間有明顯的火山口。

Chain Reaction 連鎖反應：

核分裂過程當原子核經中子撞擊產生核分裂，並產生更多的

中子加入反應，最終釋放出原子核內大量能量。

Chlorofluorocarbons 氟氯碳化物：

一種在空調與冰箱中作為冷媒用物質，若釋放於大氣中，因其不易分解，會破壞臭氧層。

Chondrites 球粒隕石：

石質隕石中含許多球狀結晶礦物者。

Cirque 冰斗：

冰川的源頭，如同碗狀。

Cloud Seeding 種雲：

飛機在雲中噴灑乾冰或碘化銀以增加凝結核，吸附水滴並提高降雨機率。

Composite Volcanoes 複式火山：

是由火山熔流與火山碎屑層層相間而成的火山，是最危險的火山。

Cold Front 冷鋒：

冷氣團與暖氣團相遇之界面，將暖空氣從下方抬起。

Conservative plate boundary 存留板塊邊緣：

板塊邊緣沿著轉形斷層，地殼不增加亦不減少。

Continental Drift 大陸漂移：

由魏格納於 1912 年提出，各大洲可拼合一原始大陸，約在 2 億年前破裂，各大陸開始漂移至現今位置。

Continental Glacier 大陸冰川：

覆蓋在大陸上的巨厚冰川，如格林蘭與南極大陸。

Convergent plate boundary 聚合板塊邊緣：

兩板塊相遇而擠壓，海洋地殼擠壓到大陸地殼之下，並造成頻繁的地震、火山與造山作用等。

Core 核心：

地球最內層，佔地球 31.5% 質量及 16% 體積，主要由鐵、
鎳、矽、硫與其他重元素構成，密度極高。

Cracking 石油裂解：

將原油從大而重的複合分子分解為小而輕的簡單分子。

Crater 火山口：

岩漿或其他物質噴到地面的通道。

Crevasse 冰隙：

在冰川表面上的裂縫。

Crest 洪峰：

最大洪水流量。

Crescent Dune 新月形丘：

新月狀的沙丘，和風向垂直發育，沙量少。

Crust 地殼：

地球最外層，約 10～65 公里厚。

Curie Point 居里點：

為一特定溫度，當磁性礦物冷卻至低於此溫度時，會產生磁
性，反之高於於此溫度時，磁性將消失。

Debris Avalanche 岩屑崩：

岩屑快速的崩落。

Deflation 吹蝕：

強風將地面沉積物吹動並移去的作用。

Debris Falls 岩屑墜落：

岩屑的自由落體運動，和其下表面不完全接觸。

Desert Pavement 漠坪：

強風吹蝕作用將地面細小的塵沙吹走，留下體積較大的大石

子，形成一保護層，稱為漠坪。

Desertification 沙漠化：

因受人類活動的影響，導致某地區在一段時間內變成了沙漠。

Discharge 流量：

河水於一定時間內流經某地點的容積。

Divergent plate boundary 分離板塊邊緣：

主要指的是中洋脊，產生新的海洋地殼並推擠兩板塊互相分離。

Dopple Effect 都卜勒效應：

當一個物體接近觀測者，它所發出的任何頻率對觀測者而言，會感覺比真實的頻率高。反之當物體遠離觀測者，觀測者會感覺比真實的頻率低。

Dormant Volcano 眠火山：

在近期內未曾噴發，但其表面未被侵蝕，仍呈新鮮外貌的火山。

Drowned valley 溺谷：

河谷下沉後海水灌入即成為溺谷。

Earthquake Cycle 地震週期：

許多大地震之記錄顯示，地震具有略成規律的間隔時間。

Earthquake Intensity 地震震度：

地震在某處地震所給予人與地表建築破壞情形的量度。

Earthquake Mechanism 地震機制：

由地震波的特性所求解地震斷層面的結構。

Earthquake Magnitude 地震規模：

一種量度來表示地震能量之大小。

Ecotechnology 生態工法：

整治環境方法一種，盡量保持生態系統結構的完整，使我們能夠與自然環境互利共存。

Elastic-Rebound Theory 彈性回跳理論：

一個學說應用於解釋地震的成因，地震主要發生在斷層面上，當累聚的變形突然被釋放就造成地震波。

El Niño 聖嬰：

赤道附近太平洋海水水溫週期性的變暖並導致氣候異常現象。

Epicenter 震央：

震源投影於地表之處。

Equilibrium Line 平衡線：

即雪線，冰川表面積蓄與消耗達於平衡處。

Erratic Boulders 漂礫：

是冰川後退時所留下的礫石，遠離來源地。

Eutrophication 優養化：

水質中富於營養鹽的現象，將造成藻類大量繁殖，加速水質的惡化。

Evolution Track 演化軌跡：

以赫羅主序列說明星球演化的途徑。

Explosive Eruption 爆裂式噴發：

火山岩漿多量氣體，造成爆裂式威力驚人的火山噴發。

Extinct Volcano 死火山：

在近期內未曾噴發，且其表面被侵蝕得很厲害，表示已經很久沒有活動。

Extratropical Cyclones 溫帶氣旋：

產生於溫帶與寒帶之交界處，一個反時鐘方向旋轉的低壓系統。

Eye Wall 風眼雲牆：

環繞颱風中心，向上延伸達二十公里高的一層厚的雲牆。

Fast Breeder Reactor 快滋生反應器：

利用快速中子撞擊鈾 -238，使其轉化為鈈 -239，繼而發生核分裂反應。

Firn 粒雪：

雪經過長年積壓逐漸往下壓縮，逐出空氣使雪重新結晶，成為顆粒較粗且較密的結構。

Flood Stage 洪水階：

河水超過兩岸高度時的水位高度。

Fjord 冰峽：

冰川經過所留下的 U 型狀峽谷。

Fissure Eruption 裂隙噴發：

岩漿從岩石圈之裂縫流出，構成高原玄武岩。

Floodplain 氾濫平原：

河道因侵蝕與沉積作用向兩側發展並擴大，形成氾濫平原，是河水最容易氾濫所在。

Focus 震源：

地球內部地震發生處。

Fringing Reef 裙礁：

珊瑚沿著海島之四圍生長，構成如圍裙狀的裙礁。

Frontal Storm 鋒面風暴：

發生於兩種氣團交界的鋒面處的風暴。

Frontal Zone 鋒面帶：

溫度與濕度不同的兩個氣團之間的交界面，帶來各種氣候的變化。

Frost Heaving 冰舉：

一種風化作用，是凍結於岩石或泥土中的水的膨脹與收縮作用，如同砌刀鑿割岩石或泥土。

Galaxy 銀河：

太空中物質較密集處，由星雲演化而來，每個銀河約含 2000 億個恆星。

Gasification 氣化：

將煤轉換為高品質的相當於天然氣的氣體。

Geochemistry 地球化學循環：

化學物質在自然界裡所構成其自身的循環。

Geothermal Power 地熱能源：

地熱值較高區域，將冷水流經地下加熱為水蒸氣以帶動渦輪發電。

Global Warming 全球暖化：

因著工業開發排放大量溫室氣體，使地表氣溫上升的現象。

Greenhouse Effect 溫室效應：

近一世紀人類工業開發及內燃機燃燒石油與天然氣，排出大量二氧化碳、甲烷、二氧化氮與氟氯碳化物等氣體，使地表氣溫上升的現象。

Guyots 海桌山：

逐漸下降之火山島，其上部被海浪侵蝕而削平。

Hail 冰雹：

從積雨雲中降落下來的冰塊或冰球，對人員和財物造成極大

破壞。

Heat Flow 熱流：

地球內部熱能在地表的釋放。

High Tides 高潮：

每日最高潮水位。

Horn 角峰：

山嶺四圍冰川經朔源侵蝕，造成如金字塔型的尖峰。

Hot Spots 熱點：

來自地函深處固定之熱源，其岩漿以熱柱型式上升至地表，
在地表造成火山活動。

HR Diagram 赫羅圖表：

由 Hertzsprung 與 Russel 於 1919 年提出，根據許多星球表面
溫度與亮度所作之圖表，以解釋星球的演化。

Hydrological Cycle 水文循環：

水從海洋及其他水覆蓋區域運行至大氣再回歸地表之循環。

Hydropower 水力發電：

藉著水從高處落下的落差帶動渦輪所產生的電力。

Igneous Rocks 火成岩：

由岩漿接近地表，礦物結晶而成岩，質地嚴密堅實。

Isostasy 均衡作用：

地球岩石圈的各部分造成浮立平衡的趨勢，例如高山的根部
會自動浮起以平衡表面被侵蝕部分。

K-T Extinction K-T 滅種：

指白堊紀與第三紀之間恐龍集體絕跡事件。

Lagoon 潟湖：

海邊的淺水海灣，以沙洲或珊瑚礁和海洋相隔離。

Lahar 火山泥流：

火山噴發時岩石碎屑與雨水、雪、河水等混合，順勢流下，淹沒村莊及農田。

La Niña 拉妮娜：

赤道附近東太平洋水溫異常下降的現象，並導致氣候異常。

Lateral Moraine 側磧：

在冰川兩側留下的冰磧石。

Lava 熔岩流：

融熔的岩石從火山口流出，依著地勢起伏而向下流動。

Lignite 褐煤：

含炭質較少且較軟的煤。

Liquefaction 液化：

將煤轉換為高品質的液化煤，以作為燃料來使用。

Lithosphere 岩石圈：

地球表層約 100 至 200 公里較冷與硬之構造，即板塊之厚度。

Longitudinal Dune 縱丘：

沙丘和風向平行發育。

Longitudinal Profile 縱剖面：

河流的發源地到河口各地的河面高度相連，所構成的河流的剖面。

Longshore Currents 沿岸流：

波浪向著海岸的運動方式產生一個沿岸的分量，稱為沿岸流。

Long wave Radiation 長波輻射：

陽光照射地表後，地表所放射的熱輻射。

Low tides 低潮：

　　每日最低潮水位。

Magnetic Polarity Reversals 磁極反轉：

　　地球磁極常呈週期性的反轉，海洋地殼很忠實的紀錄了這個
　　地球磁極反轉現象。

Main Sequence 主序列：

　　赫羅主序列中對角線位置，為正常的星球所在，星球內部有
　　足夠的燃料以提供核反應，使星球能體積固定並發光。

Mantle 地函：

　　在地殼下方，約 2900 公里厚，主要由矽、氧、鎂、鐵構成。

Maturation 成熟：

　　碳氫化合物會隨著年代久遠而改變性質，由大型較重的分子
　　分解為簡單且輕的氣體分子。

Meanders 曲流：

　　河流呈來回彎曲形狀。

Medial Moraine 中磧：

　　當兩條冰川交會，側磧會合成為一條。

Mesosphere 中氣層：

　　平流層頂到大約 85 公里高度處，溫度隨高度而下降。

Metamorphic Rocks 變質岩：

　　岩石因高溫高壓而發生變質作用，所造成之岩石稱為變質
　　岩。

Microburst 微暴流：

　　一種雷雨所形成的急劇下降氣流，它在距地面數百公尺且
　　水平範圍 4 公里之內發生，又稱為下衝風暴，常引起飛行事
　　故。

Microtektites 微鐵毛礬石：

在高速撞擊時產生的極微小類似玻璃的顆粒狀礦物。

Migration 遷移：

碳氫化合物從它們所形成的岩石中移出，直到遇到某些地質結構而被封閉於其間的過程。

Moho Discontinuity 莫荷不連續面：

地殼與地函之間界面。

Moraine 冰磧石：

冰川融化以後遺留在地面上堆積的冰磧物，常位於冰川的邊緣或前端。

Mudflows 泥流：

岩屑、砂、泥和水混合，沿著山谷向下流動。

Multi-Cell Thunerstorm 多胞雷雨：

由幾個單胞雷雨所合成的大型雷雨胞；也就是說，雷雨胞中幾個單胞雷雨正處於不同時期，它的威力比單胞雷雨大許多。

Neap Tides 小潮：

每年當月球與太陽成直角排列時潮水為最低，稱為小潮。

Nebulae 星雲：

由氣體與灰塵構成的龐大物質，是形成銀河或星球的前身。

Nonpoint Pollution Source 非點污染源：

污染物之來源來自分散地點而非一定點。

Nonrenewable Energy Source 非再生能源：

煤、石油與天然氣等存量有限、會被耗盡的能源。

Normal Fault 正斷層：

斷層面上的上盤相對下盤向下移動。

Nuclear Fission 核分裂：

放射性元素藉原子核分裂為幾部分，使小部分質量轉換成能量釋出。

Nuclear Fusion 核融合：

結合較小的原子核如氘與氚等，成為較大的原子核，並將部分質量轉換成能量釋出。

Oil Shale 油頁岩：

由植物藻類或細菌的遺留物構成，可經提煉成類似原油，作燃料用途。

Outwash 冰水沉積物：

冰川的前端，由冰川流出的融冰水攜出的沉積物。

Oxbow 牛軛湖：

曲流之頸部被切穿時稱之，是古河道遺跡。

Ozone Depletion 臭氧層破洞：

人類製造並排放於大氣中大量的化學物質如氟氯碳化物等，使大氣中的臭氧層受到破壞，影響臭氧層保護人類暴露於紫外線或宇宙射線的功能。

Pahoehoe 繩狀熔岩：

熔岩凝結時彼此絞扭成繩狀，表面有褶皺。

Pangaea 原始大陸：

魏格納提出各大洲約為一古大陸，稱為原始大陸。

Panthalassa 原始大洋：

魏格納提出原始大陸被一大洋包圍，稱為原始大洋。

Parabolic Dune 拋物線丘：

拋物線狀的沙丘，多在植物較多處發展。

Partial Melting 部分熔融：

再隱沒帶下沉之海洋地殼與一些沉積物被熔解構成岩漿，富含水與二氧化碳，因而降低了岩石的熔點，使部分岩石熔解，造成岩漿庫。

Passive Margin 被動型邊緣：

在大西洋兩側的大陸邊緣，無地震活動並堆積了很厚的沉積物，有大陸棚、大陸斜坡、大陸隆起等構造。

Peat 泥煤：

最粗質的煤。

Plucking 拔（挖）蝕作用：

因冰川移動，底部凸出的部位被拔除。

Point Pollution Source 點污染源：

從一個固定地點釋放污染物的污染源。

Polar Wondering Curves 磁極移動曲線：

地磁北極常會在一段時間後移動到附近位置，各大洲的磁極移動曲線不同，證明大陸曾經相互漂移。

Precession 歲差：

地球自轉軌道軸心傾斜，其本身一如陀螺般繞著中心轉動，週期為兩萬六千年，可能與冰期及間冰期的造成有關。

Protostar 準星球：

當星雲因重力作用收縮至直徑為 1 萬天文單位時，已具有星球雛形時稱之。

Pulsating Universe 宇宙脈動說：

宇宙起源的學說之一，宇宙物質現今在擴張中，但至終擴張速率減慢並因重力作用又逐漸收縮回到原初狀態，然後再開始擴張，如此周而復始。

Pyroclastics 火山碎屑：

熱的岩石碎屑與掉落的熔岩瞬間噴發爆炸，快速的傳至極遠處。

Pyroclastic Cone 火山碎屑錐：

火山碎屑物質，經爆炸噴出火山口堆積而成，其坡度一般介於 30°與 40°之間。

Pyroclastics Flows 火山碎屑流：

炙熱岩石碎片與氣體之混合物，從火山口以極高速沿山麓流下。

Occluded Front 囚錮鋒：

當冷鋒追趕上暖鋒，冷暖氣團開始彼此混合所產生的鋒面。

Our Galaxy 本銀河：

我們所在的銀河，又稱牛奶路。

Outwash 冰水沉積：

冰川前端終磧前由融化的水所攜帶流出的沉積物。

Quick Clays 快泥：

一種特別性質的黏土，由極小的物質構成，當遇水時在自然狀態下立刻由固體轉變為近似液體狀態，流速很快。

Quiet Eruption 寧靜式噴發：

含矽質少的基性或超基性岩漿，流動及氣體逸散較容易，岩漿多為流動而非爆裂方式，比較不具危險性。

Recurrence interval 洪水重現期距：

洪水再度發生期間。

Red Giants 紅巨星：

當中心之氫燃料消耗盡淨，中心附近因重力塌陷，燃燒延至外圍物質，星球體積膨脹，被稱為紅巨星。

Red Shift 紅位移：

> 星球光譜有移向紅光之低頻端現象，說明所有星球都在彼此遠離中。

Regmaglypts 氣印：

> 隕石表面類似指印形的小凹坑，是隕石與高溫氣流相互摩擦燃燒後留下的痕跡。

Reflection Seismology 震測地層學：

> 藉震波研究地下構造，是油氣探勘的主要工具。

Relative Dating 相對定年法：

> 比較地層中的化石而得到各地層相對年齡的方法。

Renewable Energy Source 再生能源：

> 太陽能、潮汐力、地熱等存量無盡、用之不盡的能源。

Reservoir Rock 儲油層岩石：

> 砂岩與石灰岩等多孔隙與滲透性高的岩石，構成石油與天然氣的油田。

Resident Time 停留時間：

> 化學物質在自然界循環的速率，或污染物質在自然界中持續污染的時間。

Return Stroke 回擊：

> 閃電的第二擊，地面的正電荷沿著前導閃擊途徑中和其負電荷，發生閃電和雷聲。

Reverse Fault 逆斷層：

> 斷層面上的上盤相對下盤向上移動。

Rip Current 回流：

> 在波浪帶的空隙中呈狹長形而作用力強流回的洋流。

Rock Falls 岩石墜落：

岩石以自由落體方式落下。

Runoff 表面逕流：

雨水降落地表後，成為表面逕向集水區匯集。

Sedimentary rocks 沉積岩：

岩石及生物遺骸，經風化、侵蝕、搬運、沉積及成岩等等作
用所造成岩石。

Seismic gaps 地震空白：

在斷層帶上安靜或較少活動處稱為地震空白，表示該處斷層
的能量被鎖住。

Shadow Cone 陰影帶：

因地球內部外核的流體構造，地震波的 S 波不能穿過，稱
為 S 波的陰影帶。

Shatter Cones 變形錐狀體：

岩石在瞬間受到高壓而產生的特殊形變。

Shearing Strength 剪力強度：

岩石的摩擦阻力。

Shield Volcano 盾狀火山：

玄武岩質岩漿噴出底部甚大、外形平緩、形如盾狀的火山。

Shock Quartz 微石英：

隕石撞擊地球時，在極度高壓下產生的石英顆粒。

Shortwave Radiation 短波輻射：

太陽光的輻射，範圍包括紫外線、可見光與紅外線等。

Single-Cell Thunderstorm 單胞雷雨：

是單獨一塊的雷雨雲，是對流性雷雨胞的一種。

Slides 滑動：

　　岩石或土壤等沿著一確定的滑動面或平面向下滑移。

Slumps 崩移：

　　地表土壤或岩石沿著一個彎曲面，發生的慢速或中等速度的間歇滑動。

Snow Avalanche 冰雪崩：

　　冰雪積聚處因震動而促使冰雪快速的崩落。

Sorting 淘選：

　　沉積物按顆粒大小分類的現象。

Spring Tides 大潮：

　　每年當月球與太陽排列在一條直線上時潮水為最高，稱為大潮。

Stage 水階：

　　河水水位的記錄。

Star Dune 星丘：

　　星形的沙丘，因發展時風向不定。

Stationary Front 滯留鋒：

　　冷暖氣團相持不下，鋒面幾乎滯留不動。

Statovolcano 成層火山：

　　又稱複式火山，火山噴出的熔岩與火山碎屑相間，是陸地最常見的大型火山。

Stepped Leader 前導閃擊：

　　閃電的第一擊，從雲直下到近地面處，形成一段段如樹枝狀充滿負電荷的途徑。

Storm Surge 暴潮：

　　當熱帶氣旋接近沿岸時，其低壓系統使海面升高，導致海水

倒灌。

Stratosphere 平流層：

從對流層頂到大約 50 公里高度，溫度隨高度而增加，氣流也較穩定。

Striation 條痕：

冰川流過地表，留下了細而平行的刮痕。

Stream Load 河流負荷：

河流所能搬運物質，通常藉由溶解、懸浮、河床負荷三種方式。

Supercell 超級胞雷雨：

極大型的單胞雷雨，是一種最危險的劇烈風暴，它比多胞雷雨更有威力，常伴隨著強烈陣風、冰雹、閃電、龍捲風、微爆流等劇烈天氣現象。

Supernova 超新星：

質量極大星球在演化的晚期，因極高溫高壓爆炸。在爆炸瞬間產生許多重元素，並在太空中發出極強光芒。

Surface Waves 表面波：

沿著地球表面傳播之地震波，包括雷利波與拉夫波。

Swell 湧浪：

波浪在離開產生區後能量彼此疊加，逐漸聚成波長較長、波高較高的湧浪。

Tar Sands 瀝青砂石：

一種沉積岩，其中含有厚的半固體狀如瀝青般的石油。

Temporary Base Level 臨時基準面：

河流進入暫時靜止的湖面達於平靜，稱為臨時基準面。

Terminal Moraine 終磧：

冰川後退時，在冰川的前緣所留下的沉積物，標明冰川所達最遠處。

Thermal Pollution 熱污染：

釋放廢棄的熱能，對環境的生態所造成的污染。

Thermosphere 增溫層：

中氣層頂到大約 120 公里高度處，溫度隨高度而增加，密度極低，其外即外太空。

Thunderstorm 雷雨：

學名雷暴，為一塊或一群產生雷擊、閃電或大雨的厚雲，有時也會造成冰雹與龍捲風。

Tidal Power 潮汐能源：

在潮差較大處，使海流流進出渦輪以發電。

Tidal Waves 潮汐浪：

每日的潮汐也可看作一種具週期性的潮汐浪。

Till 冰磧物：

未經淘選作用的冰川沉積物，由大小顆粒不同的碎石與泥土組成。

Tornado 龍捲風：

柱狀旋轉空氣，如漏斗狀由雲層延伸而下接觸地面，是破壞力極大的天然災害。

Transform Fault 轉形斷層：

平移斷層中特殊的一種，發生於兩洋脊間或兩板塊邊緣。

Transverse Dune 橫丘：

沙丘和風向垂直發育，沙量多。

Triggering 觸發機制：

當斜坡上所能承受的重量，已經使斜坡上物質接近不穩定的邊緣，任何一點附加因素，都可能立即促發塊體運動，此種現象稱為觸發機制。

Tropical Cyclones 熱帶氣旋：

熱帶是一個低壓中心，風速達到 74 哩／時，帶來極大的風力與大量雨水，在太平洋被稱為颱風（typhoons），在大西洋被稱為颶風（hurricanes），在印度洋被稱為氣旋。

Tropical Depression 熱帶低壓：

熱帶氣旋形成過程，風速介於 22.7 哩／時與 38.6 哩／時之間。

Tropical Storm 熱帶風暴：

熱帶低壓繼續得到能量發展成一個低壓中心，風速達到 39.7 哩／時，一個新的熱帶風暴誕生並且被命名。

Tropical Disturbance 熱帶擾動：

熱帶氣旋形成初階，規模很小，通常只有大雨與雷雨特徵，風速小於 22.7 哩／時。

Troposphere 對流層：

大氣層的最下層，從地表至 10～16 公里高度，是天氣主要變化的所在。

Ultimate Base Level 永久基準面：

河流最終流至河口，是河流的最低點，故稱為永久基準面。

Upwelling 湧昇流：

海水從深部被帶到表面並帶給表面海水豐富營養鹽的現象。

Valley Glacier 山谷冰川：

沿著山谷向下流動的冰川。

Ventifact 風磨石：

風攜帶的砂粒所磨過的石礫，具有多個稜面。

Volcanic Domes 火山圓頂：

岩漿繼續從火山口流出，堆積在外造成高黏性的圓頂熔岩。

Warm Front 暖鋒：

暖空氣取代較涼空氣，暖空氣爬升至較涼空氣上，其交界的和緩坡面稱為暖鋒。

Wave-Cut Platforms 波蝕台地：

因波浪的侵蝕作用在海濱造成的平台，代表多次海平面的升降。

Wave Refraction 波浪折射作用：

波浪趨近海濱時，部分波浪會先感受到底部的摩擦力而減緩速度，使波前彎曲，波浪的折射作用使波浪襲擊海岸的能量不平均分布於海岸。

White Dwarf 白矮星：

星球晚期經過數次爆炸，拋棄許多物質，直到它們內部熱能及殘餘物質的燃燒能繼續抵抗重力，使體積穩定並發出微弱光芒，稱為白矮星。

Wilson Cycle 威爾遜循環：

一個學說說明新的海洋的形成，從在大陸中裂開，逐漸成形一個成熟的大洋，到它開始隱沒而至終消失所經的各個階段。

國家圖書館出版品預行編目資料

自然災害：自然大反撲／丁仁東編著.
--初版.--臺北市：五南，2007［民96］
面；　公分
參考書目：面
ISBN 978-957-11-4683-6（平裝）
1.自然災害　　2.環境污染
367.28　　　　　　　　　　　96002896

5A61
自然災害—自然大反撲

作　　者 － 丁仁東(2.6)
發 行 人 － 楊榮川
總 編 輯 － 王翠華
主　　編 － 穆文娟
文字編輯 － 施榮華
責任編輯 － 蔡曉雯
封面設計 － 簡愷立
出 版 者 － 五南圖書出版股份有限公司
地　　址：106台北市大安區和平東路二段339號4樓
電　　話：(02)2705-5066　傳　　真：(02)2706-6100
網　　址：http://www.wunan.com.tw
電子郵件：wunan@wunan.com.tw
劃撥帳號：01068953
戶　　名：五南圖書出版股份有限公司
台中市駐區辦公室/台中市中區中山路6號
電　　話：(04)2223-0891　傳　　真：(04)2223-3549
高雄市駐區辦公室/高雄市新興區中山一路290號
電　　話：(07)2358-702　傳　　真：(07)2350-236
法律顧問　元貞聯合法律事務所　張澤平律師
出版日期　2007年3月初版一刷
　　　　　2013年3月初版四刷
定　　價　新臺幣520元